Prüfungs
wissen

Mathe

10. Klasse

Realschule

Cornelsen
SCRIPTOR

Die Autoren:
Hans Karl Abele, Reiner Böttcher, Werner Friedrich, Ludger Klar, Walter Kowalczyk, Benno Mohry, Klaus Ottich, Michael Rüve, Jörg Schneidler, Edmund Wallis

Teile dieses Werks wurden übernommen aus: Mein Grundwissen 9./10. Klasse. Deutsch/Mathe/Englisch. Realschule. Cornelsen Scriptor, Berlin 2005

www.cornelsen.de

Bibliografische Information: Die Deutsche Bibliothek verzeichnet diese Publikation in der Deutschen Nationalbibliografie; detaillierte bibliografische Daten sind im Internet über http://dnb.ddb.de abrufbar.

Dieser Band folgt den Regeln der deutschen Rechtschreibung, die seit August 2006 gelten.

5.	4.	3.	2.	1.	Die letzten Ziffern bezeichnen
12	11	10	09	08	Zahl und Jahr der Auflage.

Redaktion: Susanne Hohmann; lüra – Klemt & Mues GbR (Projektleitung)
Herstellung: Uwe Pahnke, Berlin
Umschlaggestaltung und typografische Konzeption des Inhalts:
Magdalene Krumbeck, Wuppertal
Layout: Dagmar & Torsten Lemme, Berlin
Sachzeichnungen: Simone Büchner, Berlin
Druck und Bindung: Westermann Druck Zwickau GmbH
Printed in Germany
ISBN 978-3-589-22625-2

Gedruckt auf säurefreiem Papier,
umweltschonend hergestellt aus chlorfrei gebleichten Faserstoffen.

Vorwort

Liebe Schülerin, lieber Schüler!
Dieser Band bietet dir, was du für die zentrale Abschlussprüfung oder Leistungsfeststellung am Ende der 10. Klasse brauchst.

Das Buch eignet sich zum Lernen, Nachschlagen und Wiederholen.
Du findest viele Merksätze, Regeln und Beispiele, die dich beim Aufarbeiten des Prüfungswissens unterstützen.

Wie kannst du mit diesem Buch arbeiten?

1 Prüfe im Inhaltsverzeichnis, welche Inhalte des Faches du wiederholen willst. Arbeite dann das Kapitel durch.
2 Arbeite das Kapitel „Fit für die Prüfung“ durch. Es gibt dir wertvolle Tipps, wie du dich richtig auf die Prüfung vorbereitest.
3 Der Test am Ende des Buches bietet dir die Gelegenheit zur Selbstkontrolle: Was habe ich verstanden? Was muss ich wiederholen?
4 Das Stichwortverzeichnis am Ende des Buches dient dir als Wegweiser zu den Prüfungsthemen.

Und noch ein paar praktische Tipps zum Lernen mit diesem Buch:

- Nimm dir nicht zu viel auf einmal vor. Bearbeite lieber kleinere Abschnitte, aber dafür regelmäßig.
- Bist du beim Lösen der Testaufgaben nicht ganz sicher, sieh dir die Kapitel und Beispiele noch einmal genau an.
- Vergleiche deine Ergebnisse mit dem Lösungsteil im Anschluss an die Testseiten. Überprüfe bei Fehlern genau, was du falsch gemacht hast.

Viel Erfolg!
Die Prüfungswissen-Redaktion
von Cornelsen Scriptor

Inhaltsverzeichnis

Quadratische Gleichungen

Quadratische Funktionen

Rechnen mit Potenzen

Exponentialfunktionen

Zentrische Streckung, Strahlensätze, Ähnlichkeit

Die Satzgruppe des PYTHAGORAS

Der Kreis

Geometrische Körper

Trigonometrie

Stochastik

Fit für die Prüfung

Dein Erfolg bei der zentralen Abschlussprüfung oder Leistungsfeststellung in Klasse 10 entscheidet mit über deinen Schulabschluss. Es lohnt sich also, sich gut auf diese Prüfung vorzubereiten. Dabei wollen wir dich unterstützen.
Wenn es dir im Laufe der Schulzeit schwergefallen ist, dich regelmäßig auf den Unterricht und die Arbeiten vorzubereiten, dann bitte nun eine Freundin oder einen Freund oder deine Eltern, dass sie dich beim Lernen unterstützen.
Du willst dich gründlich und gezielt vorbereiten? Dann brauchst du genaue Angaben darüber, worum es in der Prüfung gehen wird. Bitte deinen Lehrer oder deine Lehrerin um entsprechende Auskünfte, und frage so lange nach, bis dir alles klar ist. Informiere dich auch bei deinen Mitschülerinnen und Mitschülern.
Auf den folgenden Seiten werden wir dir als Erstes zeigen, wie du einen Plan erstellen kannst, um dich auf die Prüfung vorzubereiten. Wir geben dir Hinweise, wie du deinen inneren „Schweinehund“ überwindest, um mit der Arbeit anzufangen und am Ball zu bleiben. Danach erläutern wir, wie du dir den Lernstoff aneignen kannst. Und schließlich geht es um die schriftliche Prüfung selbst. Wie gehst du so mit Aufregung und Anspannung um, dass du in der Prüfung dein Wissen erfolgreich zeigen kannst? Abschließend geben wir dir Tipps, wie du gut durch eine mündliche Prüfung kommst.

Wichtig: einen Arbeitsplan machen und die Vorbereitungszeit gut einteilen

Erkundige dich in der Schule bei deinen Lehrern, auf welche Themen du dich vorbereiten musst, und schreibe diese Themen auf eine Liste.
Erstelle jetzt einen Zeitplan, der mit dem heutigen Tag beginnt und mit der Abschlussprüfung endet. Trage für jeden Tag genau ein, wann du welchen Lernstoff erarbeiten willst. Wenn du dein Pensum an dem jeweiligen Tag erledigt hast, kannst du mit einem kräftigen Strich in Leuchtfarbe einen Haken machen und so sehen: „Das habe ich schon geschafft!“

Nimm dir am besten eine feste Zeit zum regelmäßigen Lernen. Ein gleich bleibender Arbeitsbeginn hilft dir, mit dem Lernen anzufangen. Dies gilt auch für den festen Arbeitsplatz. Falls du die vorgesehene Lernzeit an einem Tag nicht einhalten kannst, bestimme für diesen Tag eine neue, aber wiederum verbindliche Lernzeit. Die Zeit ist dein Signal, mit dem Lernen zu beginnen. Halte sie ein, verspäte dich nicht. Achte darauf, den Lernstoff getrennt zu verteilen – an jedem Tag ein anderes Fach oder andere Inhalte. Wenn du Ähnliches zugleich lernst, kommt dein Gehirn durcheinander.
Hier ein Beispiel für die ersten drei Tage, mit denen deine Vorbereitung beginnen könnte.

Datum	Zeit	Fach	Inhalt	Erledigt
Montag, 02.04.2007	18.30 – 20.00 Uhr	Englisch	Die ersten 20 unregelmäßigen Verben lernen; Kapitel 3 im Englisch-Buch durcharbeiten.	
Dienstag, 03.04.2007	15.30 – 17.00 Uhr	Mathematik	Die Seiten 3 bis 7 im Mathematik-Buch durcharbeiten.	
Mittwoch, 04.04.2007	18.00 – 19.30 Uhr	Deutsch	„Wortarten“ und „Satzglieder“ wiederholen; im Deutsch-Buch die Abschnitte 1 und 2 durcharbeiten.	

Wenn du Mühe damit hast, einen solchen Plan aufzustellen, setze dich mit Freunden oder mit deinen Eltern zusammen und lass dir dabei helfen.

So fällt es leichter, überhaupt loszulegen …

Setze dich vor allem anderen erst einmal an den Schreibtisch.

Der Gedankenmüll-Korb

Wenn dir dann Gedanken durch den Kopf gehen wie „Ich muss noch Blumen gießen“, „Eigentlich müsste ich erst mal mit dem Hund nach draußen“, „Mathe kann ich eh nicht“ usw., dann schreibe die Gedanken einen nach dem anderen auf kleine Zettel und wirf sie in einen „Gedankenmüll-

Korb". Am nächsten Tag kannst du ihn zusammen mit Freunden, Eltern und Geschwistern plündern und mal schauen, was dein innerer „Schweinehund" dir alles an Ausweichideen eingeflüstert hat.

Der Gedanken-Stopp
Sobald ein Gedanke auftaucht, der dich von der Arbeit ablenkt, sagst du zu dir selbst: „Stopp!" Damit beendest du die abschweifenden Gedanken. Atme anschließend einmal tief durch und richte beim Ausatmen die Aufmerksamkeit wieder auf deine Arbeit.

So arbeitest du effektiv

Zur Vorbereitung auf deine Prüfung musst du alten Lernstoff wiederholen und auffrischen, dir aber auch neues Wissen aneignen. Da du nicht alles auswendig lernen kannst, musst du den Stoff so aufbereiten, dass du die wichtigen Stellen (die wichtigen Inhalte) im Kopf hast und mit eigenen Worten wiedergeben kannst. Benutze dafür die Methode „Nussschale". Sie hilft dir, den Kern des Textes – die Nuss in der Schale – zu erkennen. Der folgende Beispieltext verdeutlicht die Einzelheiten dieses Verfahrens.

1. Schritt: den Text (nur) überfliegen.
Verschaffe dir zunächst einen Überblick über den Text. Lies ihn zügig durch. Hierbei stellst du fest, was dir bekannt ist und worum es insgesamt geht. Beachte die Überschrift.

Prüfungsvorbereitung per Internet

Stundenlang brüten nachmittags Schülerinnen und Schüler über den Aufgaben, die der Vorbereitung oder der Nachbereitung des Lernstoffs dienen. Ist denn kein Kraut gewachsen gegen diese von Mädchen wie von Jungen gleichermaßen abgelehnte Plackerei? Rettung verspricht ein Medium, das ohnehin in der Gunst der Jugendlichen ganz vorn rangiert. Der PC – genauer gesagt der Drucker – spuckt nach der Prüfungsvorbereitungssuche im Netz und einigen Klicks auf das betreffende Fach sowie das verordnete Thema einen fix und fertig vorliegenden Text aus.

So weit, so gut. Nur gerät der Schüler dann in Schwierigkeiten.
Der Lehrer braucht nämlich die Zeilen nur flüchtig durchzusehen und zwei oder drei Rückfragen zu stellen – schon fliegt der Schwindel auf. So drückt sich dieser Schüler doch sonst nicht aus. So viele Fehler in der Rechtschreibung und Zeichensetzung und eine derart unpassende Ausdrucksweise sind für ihn eher untypisch („Die Rhetorik erschien, nach der Mitte des fünften Jahrhunderts, in Sizilien.").
Der Lehrer wird das Beste daraus machen: die Vorzüge der Informationsbeschaffung aus dem Internet mit den Schülern besprechen – und vor den bekannten Stolpersteinen warnen. Zum ersten Aspekt kann er anführen:
Nutzung einer modernen, beliebten Quelle mit enorm großem Potenzial; Zeit- und Arbeitsersparnis bei der Recherche; Aktualität und Anschaulichkeit der Informationen; interaktives Medium. Als relevante Punkte einer kritischen Sicht könnte er zu bedenken geben: Die Texte stammen von Schülerinnen und Schülern. Deren Hilfsmittel bleiben oft unerwähnt. Für die Richtigkeit des Inhalts steht niemand gerade. Selbst wenn die Arbeit mit „Gut" bewertet wurde, garantiert dies noch nicht ihren eigenständigen Charakter. Der Lerneffekt des Schülers, der eine solche Arbeit einfach übernimmt, tendiert gegen null: keine eigene Leistung, keine eigenen Gedanken.
Und schließlich: Die meisten Arbeiten sind inzwischen kostenpflichtig. Die „Fundgrube Internet" sollte also immer dann genutzt werden, wenn z. B. bei Google ein Bild zu finden ist oder Fachbegriffe sowie Fremdwörter z. B. über Wikipedia kompetent geklärt werden können. Zusätzlich sollten aber bei schriftlichen Ausarbeitungen die Angebote der bekannten Verlage (z. B. als CD-ROM) genutzt bzw. Angebote im Internet wahrgenommen werden, bei denen ausgewiesene Experten (Pädagogen, Wissenschaftler) per E-Mail und gegen eine Gebühr Nachhilfe anbieten.

2. Schritt: den Text lesen und bearbeiten.

Nun geht es darum, den Text gründlich zu lesen.

- Was steht dort Abschnitt für Abschnitt inhaltlich? Notiere am Rand jeweils eine knappe Überschrift.
- Was ist (besonders) wichtig? Unterstreiche diese Stelle.
- Wo beginnt ein neuer Gedanke? Zieh dort einen senkrechten Strich.
- Was hast du zunächst nicht verstanden? Markiere diese Stellen durch eine Schlangenlinie (~~~) und schreibe die Erläuterungen an den Rand.

Was du nicht verstanden hast, schlägst du im Lexikon nach. Du kannst auch im Internet recherchieren oder deine Freunde, Geschwister bzw. Eltern fragen.

So sieht der zweite Schritt am Beispiel-Text „Prüfungsvorbereitung per Internet“ aus:

Prüfungsvorbereitung per Internet

Stundenlang brüten nachmittags Schülerinnen und Schüler über den Aufgaben, die der Vorbereitung oder der Nachbereitung des Lernstoffs dienen. Ist denn kein Kraut gewachsen gegen diese von Mädchen wie von Jungen gleichermaßen abgelehnte Plackerei? | Rettung verspricht ein Medium, das ohnehin in der Gunst der Jugendlichen ganz vorn rangiert. Der PC – genauer gesagt der Drucker – spuckt nach der Prüfungsvorbereitungssuche im Netz und einigen Klicks auf das betreffende Fach sowie das verordnete Thema einen fix und fertig vorliegenden Text aus. |So weit, so gut. Nur gerät der Schüler dann in Schwierigkeiten. Der Lehrer braucht nämlich die Zeilen nur flüchtig durchzusehen und zwei oder drei Rückfragen zu stellen – schon fliegt der Schwindel auf.

So drückt sich dieser Schüler doch sonst nicht aus. So viele Fehler in der Rechtschreibung und Zeichensetzung und eine derart unpassende Ausdrucksweise sind für ihn eher untypisch („Die Rhetorik erschien, nach der Mitte des fünften Jahrhunderts, in Sizilien.“). | Der Lehrer wird das Beste daraus machen: die Vorzüge

Z. 2–6: Hausaufgaben als mühselige Nachmittagsbeschäftigung

= Mühsal; Z. 6–12: Hilfe verspricht das Internet

Z. 13–21: Mogelt der Schüler, merkt das der Lehrer. [Fremdwort, „Redekunst“]

Z. 22–39: Der Lehrer nennt Pro & Kontra.
a) HA per Internet, 4 Vorzüge:
- beliebte, informationsreiche Quelle
- Zeit- und Arbeitsersparnis (Materialsuche)
- aktuelle, anschauliche Informationen

der Informationsbeschaffung aus dem Internet mit den Schülern besprechen – und vor den bekannten Stolpersteinen warnen. Zum ersten Aspekt kann er anführen: Nutzung einer modernen, beliebten Quelle mit enorm großem Potenzial; Zeit- und Arbeitsersparnis bei der Recherche; Aktualität und Anschaulichkeit der Informationen; interaktives Medium.
Als relevante Punkte einer kritischen Sicht könnte er zu bedenken geben: Die Texte stammen von Schülerinnen und Schülern. Deren Hilfsmittel bleiben oft unerwähnt. Für die Richtigkeit des Inhalts steht niemand gerade. Selbst wenn die Arbeit mit „Gut“ bewertet wurde, garantiert dies noch nicht ihren eigenständigen Charakter. Der Lerneffekt des Schülers, der eine solche Arbeit einfach übernimmt, tendiert gegen null: keine eigene Leistung, keine eigenen Gedanken. Und schließlich: Die meisten Arbeiten sind inzwischen kostenpflichtig. |
Die „Fundgrube Internet“ sollte also immer dann genutzt werden, wenn z. B. bei Google ein Bild zu finden ist oder Fachbegriffe sowie Fremdwörter z. B. über Wikipedia kompetent geklärt werden können. | Zusätzlich sollten aber bei schriftlichen Ausarbeitungen die Angebote der bekannten Verlage (z. B. als CD-ROM) genutzt bzw. Angebote im Internet wahrgenommen werden, bei denen ausgewiesene Experten (Pädagogen, Wissenschaftler) per E-Mail und gegen eine Gebühr Nachhilfe anbieten.

- „interaktiv“: Austausch mit anderen möglich, z. B. per E-Mail oder Chat

b) HA per Internet, 7 Stolpersteine:
- von Schülerinnen und Schülern erstellt
- Hilfsmittel häufig nicht angegeben
- Richtigkeit nicht gewährleistet
- möglicherweise abgeschrieben
- kein Lernfortschritt für den Schüler
- kein eigenes Nachdenken, keine eigenständigen Formulierungen
- die meisten Beiträge sind kostenpflichtig

Also: „Vorsicht Fundgrube“! Keine fertigen Arbeiten aus dem Netz kopieren!

Z. 40–43: Das Internet sinnvoll einbeziehen

Z. 43–49: Zusammenfassender Vorschlag

Also: das Internet sinnvoll nutzen, z. B. Google (Bilder) oder Wikipedia (Fach- und Fremdwörter); zusätzlich aber heranziehen: Lernmittel aus bekannten Verlagen (z. B. CD-ROM) und Betreuung durch Experten im Internet (gegen Gebühr, Austausch per E-Mail)

Erläuterungen:
Z. 27: Möglichkeiten, Fähigkeiten;
Z. 30: bedeutsame, gewichtige;
Z. 33: ist niemand verantwortlich;
Z. 37: ist gleich null

3. Schritt: die Ergebnisse zu den einzelnen Textabschnitten anschaulich zusammenstellen.

Schreibe die wichtigen Textstellen, die du durch Unterstreichung und stichwortartige Randnotizen festgelegt hast, noch einmal auf einen separaten Zettel. Du kannst auch eine Mindmap (Gedächtnislandkarte) erstellen. Nämlich so: Wähle einen schlichten Papierbogen DIN A4, ohne Linien, ohne Karos.
Schreibe das Thema des Textes in die Mitte eines DIN-A4-Blattes und

kreise es ein. Notiere dann alle wichtigen Begriffe auf Ästen und die dazugehörigen Einzelheiten auf Zweigen. Verbinde Zusammengehöriges miteinander. Füge an wichtigen Stellen noch ein kleines Bild oder ein Symbol hinzu, weil sich Bilder gut einprägen. Benutze eventuell auch verschiedene Farben. Hier ein Beispiel für eine Mindmap zum Text „Prüfungsvorbereitung per Internet“.

Prüfungsvorbereitung per Internet?

- Vorzüge
  - beliebte, informationsreiche Quelle
  - Zeit- und Arbeitsersparnis bei der Materialsuche
  - aktuelle, anschauliche Informationen
  - interaktives Medium: Austausch mit anderen
- Stolpersteine
  - von Schülerinnen/Schülern erstellt
  - Hilfsmittel häufig nicht angegeben
  - Richtigkeit nicht gewährleistet
  - möglicherweise abgeschrieben
  - kein Lernfortschritt für den Schüler/die Schülerin
  - kein eigenes Nachdenken, keine eigenständigen Formulierungen
  - die Beiträge sind kostenpflichtig

Empfehlung

- Internet
  - Suchmaschinen (Bilder)
  - Lexikonseiten (Fremd- und Fachwörter)
  - Nachhilfe durch Experten (gegen Gebühr und per E-Mail)
- bekannte Verlage
  - moderne Medien (z. B. CD-ROM)

4. Schritt: in eigenen Worten vortragen.
Trage nun als Zusammenfassung den bearbeiteten Lernstoff laut und in eigenen Worten vor. Benutze dafür die Mindmap, oder stelle ein Lernposter her, oder fertige eine Skizze an. Wichtig ist, dass du jetzt bei der Wiederholung alles in eigenen Worten formulierst. Du kannst dir diesen Lernstoff selbst aufsagen oder deinen Mitschülern, aber auch deinen Eltern vortragen. Falls du etwas unklar ausgedrückt hast, werden sie nachfragen und dir so zeigen, was du noch einmal überarbeiten musst.
Ein Lernposter zum Thema „Prüfungsvorbereitung per Internet" könnte so aussehen:

Lernposter: Prüfungsvorbereitung per Internet

„Die Prüfungsvorbereitung macht mein Drucker!"
Wenn dich die „Erledigung per Mausklick" lockt, musst du Vorzüge und Nachteile des Mediums Internet abwägen.

Vorteile	Nachteile
beliebte, informationsreiche Quelle	von Schülerinnen/ Schülern erstellt
Zeit- und Arbeitsersparnis bei der Materialsuche	Hilfsmittel häufig nicht angegeben
aktuelle, anschauliche Informationen	Richtigkeit nicht gewährleistet
interaktives Medium: Austausch mit anderen	möglicherweise abgeschrieben
	kein Lernfortschritt für den Schüler/die Schülerin
	kein eigenes Nachdenken, kein eigenständiges Formulieren
	die Beiträge sind kostenpflichtig

Die Nachteile überwiegen.

TIPP: Du solltest die **Vorzüge nutzen** und **den Stolpersteinen aus dem Weg gehen,** und zwar so:

- über Suchmaschinen Bilder heranziehen, die deinen Beitrag anschaulich machen,
- mithilfe von Lexikonseiten Fremdwörter und Fachbegriffe klären,
- für verlässliche Informationen (mit Quellenangabe!) die Angebote der bekannten Verlage wahrnehmen (z. B. eine CD-ROM erwerben).

Ergänzende Hinweise:

- Lernpsychologisch gesehen ist es geschickt, verschiedene Medien zu nutzen: das Internet, (Fach-)Bücher, Lehrmittel aus bekannten Verlagen (z. B. eine CD-ROM), Lexika. Diese Vielfalt garantiert eine Fülle von Aspekten und sorgt für Anschaulichkeit (Einprägsamkeit) des Lernstoffs.
- Der fachmännische, kritische Umgang mit neuen Medien gehört zu den Schlüsselqualifikationen im späteren Berufsleben.

Ungewöhnlich, einfach, erfolgreich: Lernen im Vorbeigehen (Locitechnik)

Dein Gedächtnis auf Pinnwand oder Lernplakat

Es gibt Informationen, die wollen einfach nicht in den Kopf. Nimm diese harten Nüsse, schreibe sie jeweils auf eine Karteikarte und hefte die Karten (maximal sieben) an die Pinnwand. Alternativ kannst du damit ein Lernplakat gestalten. Jedes Mal, wenn du daran vorbeigehst, wirfst du einen Blick auf deine Notitzen. Es reicht, wenn dir dabei nur eine Information ins Auge fällt. Nach einigen Tagen wirst du trotzdem wissen, was da alles an der Wand hängt. So lernst du im Vorbeigehen. Die Pinnwand oder das Lernplakat ist für einige Zeit dein Außen-Gedächtnis.

Mathematik

1. Binomische Formel:
   $(a + b)(a + b) = a^2 + 2ab + b^2$
2. Binomische Formel:
   $(a - b)(a - b) = a^2 - 2ab + b^2$
3. Binomische Formel:
   $(a + b)(a - b) = a^2 - b^2$

Englisch

if-Sätze Typ III (irreal):
If I had not spent all my money on the first day, I would have had some later.

Deutsch

„Substantiv" = eine Wortart
(das Blatt, der Geist)
„Subjekt" = ein Satzglied
(Wer oder was? Satzgegenstand; immer im Nominativ)

Englisch

1. Sg. I don't go there.
2. Sg. You don't go there.
3. Sg. He/She/It doesn't go there.
1. Pl. We don't go there.
2. Pl. You don't go there.
3. Pl. They don't go there.

Deutsch/Musik

* 1729 Lessing
* 1732 Haydn
* 1749 Goethe
* 1756 Mozart
* 1759 Schiller
* 1770 Hölderlin, Beethoven
* 1797 Heine, Schubert

Mathematik

Kommutativgesetz:

$a + b = b + a$

Punkt- vor Strichrechnung:

$a \cdot b + c = (ab) + c = ab + c$

Distributivgesetz:

$a(b + c) = ab + ac$

Haftzettel und Locitechnik

Du kannst die Zettelarbeit mit der Locitechnik verbinden.

1. Schritt: Schreibe neue Vokabeln mit der Übersetzung auf jeweils einen Haftzettel. Reiße die Zettel aber noch nicht vom Block.
2. Schritt: In der Wohnung gibt es Wege, die du mehrmals am Tag gehst, zum Beispiel von der Wohnungstür in das eigene Zimmer. Hefte an markante Punkte dieses Weges je einen Haftzettel in Augenhöhe. Jedes Mal, wenn du den Weg gehst, bleibt dein Auge an einigen dieser Zettel hängen. Du wirst im Vorbeigehen lernen.
3. Schritt: Du findest deinen Weg jetzt auch in Gedanken und kannst dich an die einzelnen Punkte erinnern. Wort und Ort fließen zu einem Gedächtnisbild zusammen. Dieses taucht dann zum Beispiel während der schriftlichen Prüfung vor deinem geistigen Auge wieder auf.

Bekannt und bewährt: Die Lernkartei

Eine Lernkartei hilft dir verlässlich weiter: Durch Unterteilen des Stoffes in kleine Portionen und mehrfaches Wiederholen prägen sich die Informationen gut ein. Besorge dir im Buchhandel eine Lernkartei und passende Kärtchen.

Die Lernkartei hilft dir z. B. beim Vokabel- oder Formellernen. Die zu lernenden Wörter (oder Formeln) werden auf ein Kärtchen geschrieben. Die Begriffe selbst stehen auf der Vorderseite (z. B. *to talk*), die Übersetzung (oder Erklärung) schreibst du auf die Rückseite (z. B. *reden, sprechen, plaudern*). Hier ein weiteres Beispiel:

Vorderseite	*Rückseite*
to become	= werden It's becoming a problem. (Es wird langsam zum Problem.) He wants to become a footballer. (Er will Fußballspieler werden.)

Gelernt wird dann nach dem folgenden Verfahren:

- Lerne immer fünf Vokabeln (Formeln, Daten usw.) auf einmal.
- Lies das Wort, die Formeln oder die Wendung.
- Schreibe die Übersetzung (oder die Erklärung usw.) auf ein Blatt.
- Drehe die Karteikarte um und überprüfe deine Lösung.
- Lege bei richtiger Antwort die Karte nach rechts (Stapel „gekonnte“).
- Lege bei falscher Antwort das Kärtchen nach links (Stapel „nicht gekonnte“), und bearbeite es im nächsten Durchgang erneut.
- Wiederhole nun die nicht gekonnten Karten so lange, bis alle auf dem rechten Stapel liegen.

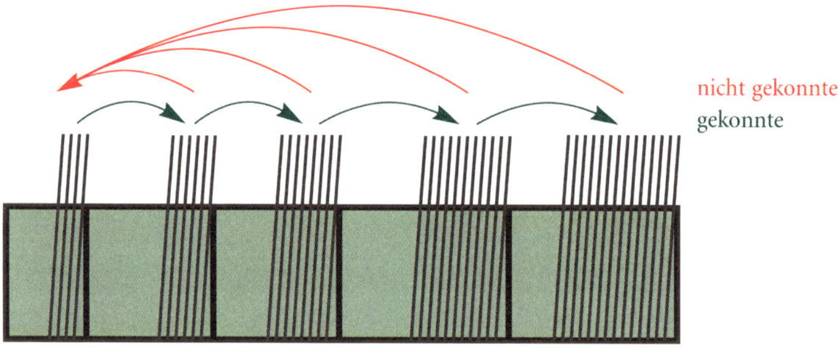

Dieses Lernverfahren eignet sich für unterschiedliche Stoffgebiete. Vorn steht immer das Stichwort (die Frage), hinten folgt die Erläuterung (Antwort).

Falls du dir den Lernstoff besser einprägen kannst, wenn du die Informationen auch hörst, solltest du zum Aufnahmegerät (PC, MP3-Player, Kassettenrekorder o. Ä.) greifen, Fragen und Antworten aufsprechen und diese dann wiederholt anhören. Wendest du parallel beide Methoden an (Lernkartei, Aufnahmegerät), erhöhst du den Lerneffekt.

Die Aufregung in den Griff bekommen: Von Sportlern lernen

Herzklopfen, Magendrücken, Nervosität: All das sind Anzeichen für Anspannungsstress und Aufregung, die oft dazu führen, dass man sich nur noch an wenig erinnert. Die Aufregung führt zu Denkblockaden. Deshalb ist es wichtig, die Nervosität in den Griff zu bekommen.
Viele Sportler haben mittlerweile gelernt, wie sie ihre Aufregung besser kontrollieren und so ihr Leistungsvermögen voll abrufen können. Von diesen Sportlern kannst du lernen. Hier zwei ihrer Methoden:

1. Entspannungsatmung

Atme normal ein, aber bewusst und sehr langsam wieder aus. Mache dies zwei- bis dreimal täglich etwa eine Minute lang. Bei Stress, zum Beispiel während einer schriftlichen Prüfung, kannst du drei- bis fünfmal auf diese Weise durchatmen.

2. Kraft tanken

Nimm eine bequeme Körperhaltung ein, schließe die Augen, atme tief und ruhig ein und spüre die eintretende Entspannung.
Balle eine Hand leicht zur Faust. Gehe in Gedanken an einen Ort, wo du dich sicher und geborgen fühlst, z. B. an deinen Lieblingsort oder in dein eigenes Zimmer. Nimm die Atmosphäre dieses Ortes tief in dich auf und tanke so Kraft.
Löse die Faust wieder und lockere die Hand. Lass die Szene, die du dir vorgestellt hast, wieder in den Hintergrund treten, öffne die Augen und behalte von jetzt an diesen Ort wie eine innere Festung in dir.
Trainiere dies zwei- bis dreimal etwa zwei Minuten lang.
Wann immer nun Anspannung auftritt, z. B. in einer Vorbereitungsphase

oder während einer schriftlichen Arbeit, ballst du (unter dem Tisch) die Hand zur Faust, gehst in Gedanken an diesen Ort, tankst Kraft nach und kehrst nach einem kurzen Moment wieder in die Realität zurück.

Nun einige Tipps für die schriftliche Prüfung

Verschaffe dir als Erstes einen Überblick über alle Aufgaben. Fange nicht sofort mit dem Schreiben an! In Mathematik-Arbeiten zum Beispiel sind die Aufgaben zwar meistens schon nach dem Schwierigkeitsgrad sortiert, aber vielleicht liegt dir eine bestimmte Aufgabe besonders gut. Dann macht es Sinn, diese zuerst zu lösen. Es ist besser, möglichst viel in einer selbst gewählten Reihenfolge zu schaffen, als sich unbedingt an die Vorgabe zu halten und sich dann an einem Punkt festzubeißen.
Erledige also zuerst das, was du besonders gut kannst. Dann ist es erstens schon geschafft, und zweitens ermutigt es dich, wenn du auf das schauen kannst, was du schon ordentlich erledigt hast.
Behalte die Uhr im Auge, damit du nicht an einer Aufgabe zu lange arbeitest. Lass dich nicht nervös machen, wenn Klassenkameraden früher abgeben. Du weißt ja nicht, ob sie auch alle Aufgaben gelöst oder aber das Handtuch geworfen haben.
Erledige lieber zum Beispiel acht von zehn Aufgaben vollständig und lasse zwei beiseite, als alle zehn Aufgaben anzufangen und nur vier davon ordentlich abzuschließen.

So meisterst du die mündliche Prüfung

Falls du auch mündlich geprüft wirst, erhältst du eine Vorbereitungszeit (meist 10 Minuten). Während der Vorbereitungszeit kannst du Aufzeichnungen (Notizen) anfertigen.
Die Prüfung dauert 15 Minuten und stellt ein Gespräch dar, das du mit der Fachlehrerin oder dem Fachlehrer führst. Deine Ergebnisse musst du selbstständig vortragen.
Die Vorbereitungszeit ist mit 10 Minuten sehr knapp bemessen. Also solltest du schon beim Lesen des vorgelegten Textes einen Stift zur Hand haben, wichtige Stellen unterstreichen und Randnotizen machen. Betrachte noch einmal das „Prüfungsvorbereitungs“-Beispiel im Abschnitt „So arbeitest du effektiv“, 1. Schritt und 2. Schritt. Während der Vorbereitung kannst du also Aufzeichnungen (Notizen) anfertigen. Hier bietet sich eine Auswertung des Textes in der Form einer Mindmap an (vgl. den eben

zitierten Abschnitt, 3. Schritt). Du hast dann auf einen Blick das Gesamtergebnis vor Augen: „Holt man sich Komplettlösungen der Prüfungsvorbereitung aus dem Internet, sind zwar vier attraktive Seiten dieses Mediums im Spiel, man bekommt es aber andererseits auch mit sieben Stolpersteinen zu tun. Die Empfehlung des Autors zeigt einen Ausweg aus diesem Dilemma." Und außerdem lassen sich der Grafik rasch und gezielt (!) die wichtigen Unterpunkte entnehmen: „Als Vorzüge sind vier Aspekte zu nennen: ..." – „Diesen positiven Zügen stehen aber sieben (!) ‚Stolpersteine' entgegen: ..." – „Die Empfehlung des Autors strebt einen Ausgleich an: ..."

Eine solche Mindmap ist auch ein geeignetes Hilfsmittel, im Prüfungsgespräch deine Überlegungen (Ergebnisse) selbstständig vorzutragen.

Zur Abrundung einige Tipps und Hinweise für die mündliche Prüfung

- Sprich in einer mündlichen Prüfungssituation selbst viel; formuliere dabei in ganzen Sätzen und in eigenen Worten. Je aktiver du selbst bist, desto schneller vergeht die Zeit.
- Halte Blickkontakt mit der Lehrerin/dem Lehrer.
- Höre gut zu, wenn sie oder er etwas fragt.
- Frage deinerseits nach, wenn etwas unklar ist.
- Grübele nicht schon über eine Antwort nach, während der Lehrer noch spricht.
- Solltest du mit einer Frage nicht zurechtkommen, bitte die Prüferin/den Prüfer, diesen Punkt noch einmal neu zu formulieren.
- Atme bewusst zwei- oder dreimal gleichmäßig und tief ein und langsam wieder aus. So dämpfst du Aufregung und Anspannung.
- Besprecht innerhalb der Klasse vorher mit euren Lehrern, wie ihr mit Schwierigkeiten in einer mündlichen Prüfung umgehen solltet.
- Vielleicht könnt ihr im Klassenraum einmal eine Prüfungssituation durchspielen.

Wir wünschen dir viel Erfolg in der Prüfung!

Walter Kowalczyk und Klaus Ottich

Lineare Funktionen

1 Wiederholung einiger Grundbegriffe zu Funktionen

■ Den Begriff „Funktion“ kennst du bestimmt schon aus den vergangenen Schuljahren. Eine kurze Wiederholung und Zusammenstellung der wichtigsten Begriffe:

▸ **Funktionen** sind eindeutige Zuordnungen.

▸ Die Zahlen, denen ein Funktionswert zugeordnet wird, bilden die **Definitionsmenge** (Definitionsbereich) $\mathbb{D}$. Sie heißen auch **Argumente**. Für sie wird häufig die Variable x als Symbol benutzt.

▸ **Wertemenge** (Wertebereich) $\mathbb{W}$ nennt man die Menge der Zahlen, die zugeordnet werden. Die Elemente dieser Menge heißen Funktionswerte. Für sie wird meistens die Variable y verwendet.

■ Man kann Funktionen auf verschiedene Weise darstellen:

▸ durch **Funktionsgleichungen**,

Beispiele: a) $y = 3x + 5$ b) $f(x) = 7{,}8x - 1$

▸ als **Graph** (Funktionsgraph) in einem Koordinatensystem,

▸ als **Wertepaare** in einer Wertetabelle.

■ Die Schnittpunkte der Funktionsgraphen mit den Koordinatenachsen haben eine besondere Bedeutung. Bei diesen Punkten ist eine Koordinate gleich null, deshalb lassen sich diese Schnittpunkte meist leicht berechnen.

▸ **Nullstelle** einer Funktion f heißt ein Argument (x-Wert), dessen zugehöriger Funktionswert gleich null ist. Man schreibt: $y = f(x_0) = 0$. x_0 ist Nullstelle. In der grafischen Darstellung ist die Nullstelle ein Schnittpunkt des Graphen mit der x-Achse.

▸ Der Schnittpunkt des Graphen mit der y-Achse ist der zum x-Wert 0 zugehörige Punkt $(0; f(0))$.

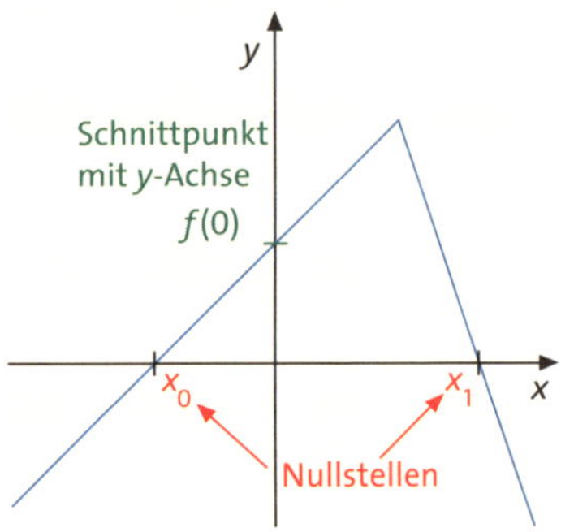

2 Lineare Funktionen

Eine Funktion mit einer Gleichung $y = mx + n$ ($m, n \in \mathbb{Q}$) heißt **lineare Funktion**. Ihr Graph liegt auf einer Geraden. Manchmal werden auch die Bezeichnungen $y = mx + t$ oder $y = ax + b$ verwendet.

2.1 Die Funktion *y = mx*

Die Funktion $y = mx$ beschreibt eine (direkte) **Proportionalität** $y \sim x$. m ist eine Konstante **(Proportionalitätsfaktor)**.

Beispiel: $y = 2x$

Der Graph der Funktion $y = mx$ ist eine Gerade, die durch den Koordinatenursprung $U(0; 0)$ verläuft. m bestimmt die *Steigung* der Geraden. m heißt deshalb **Anstieg** oder **Steigung**.

Beispiel: $y = 3x$ (also $m = 3$)

- Ein Punkt der Geraden ist $U(0; 0)$.
- Von U aus geht man um 1 Einheit nach rechts und um 3 Einheiten (weil $m = 3$) nach oben.
- So erhält man einen zweiten Punkt $P(1; 3)$ der Geraden. Das Dreieck UAP heißt **Anstiegsdreieck** oder **Steigungsdreieck**.

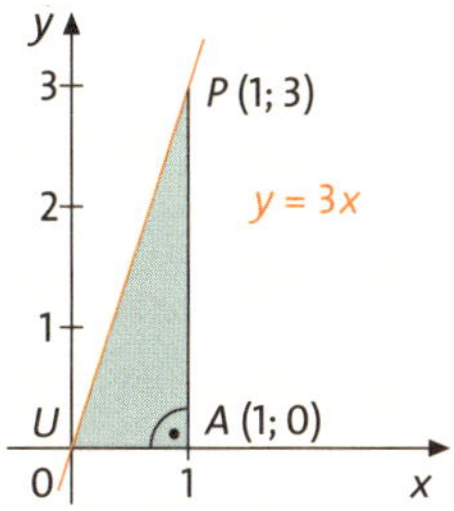

- Nebenstehende Abbildung zeigt den Einfluss von m auf die Lage der Geraden $y = mx$ im Koordinatensystem.
- Für $m > 0$ erhält man eine von links nach rechts ansteigende, für $m < 0$ eine von links nach rechts fallende Gerade.
- Für $m = 1$ und $m = -1$ erhält man die Winkelhalbierenden der Koordinatenachsen.
- Für $m = 0$ erhält man eine waagerechte Gerade, die auf der x-Achse liegt.

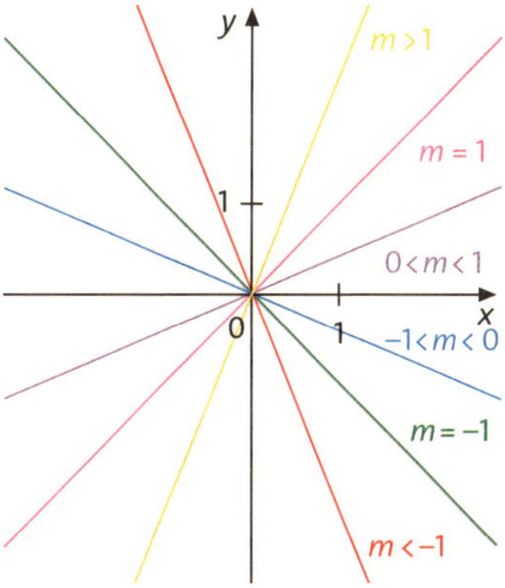

- Je größer der Betrage von m, desto steiler steigt bzw. fällt die Gerade.

2.2 Die Funktion $y = mx + n$

Die Funktion $y = mx + n$ enthält ein von Variablen freies Glied n, das ist eine Zahl *(absolutes Glied)*. In der grafischen Darstellung bewirkt dies eine Verschiebung der Geraden $y = mx$ um n Einheiten in Richtung der x-Achse. n nennt man *y*-Achsen-Abschnitt.

Beispiele:

a) $y = x + 2$; ($n = 2$)
Man erhält den Graphen der Funktion $y = x + 2$, indem man die Gerade $y = x$ um $n = 2$ in Richtung der y-Achse verschiebt.
▸ n gibt den Schnittpunkt mit der y-Achse an.

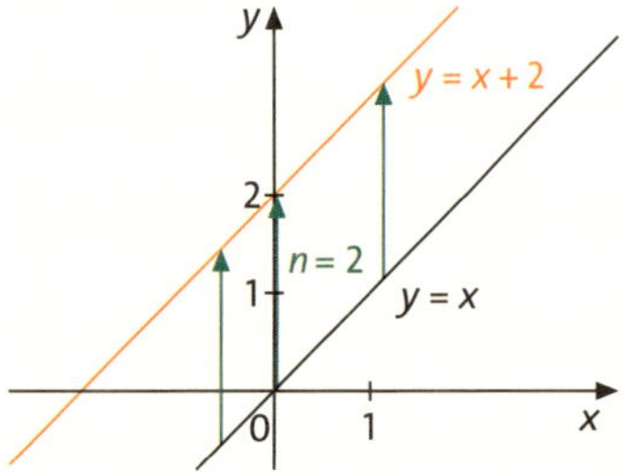

b) $y = \frac{1}{2}x - 3$; ($n = -3$)
Ist n negativ, so erscheint die Gerade $y = \frac{1}{2}x$ um den Betrag von n (im Beispiel $|n| = 3$) nach unten verschoben.

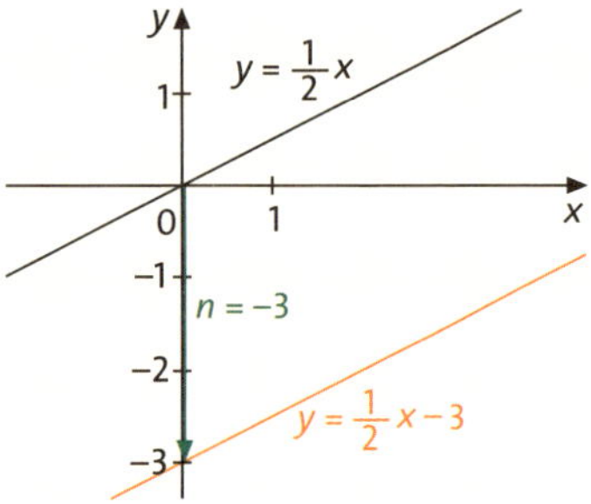

Allgemein gilt:

▸ **$n > 0$:** Die Gerade $y = mx$ erscheint um n Einheiten nach oben verschoben. Sie schneidet die y-Achse im Punkt $P(0; n)$.
▸ **$n = 0$:** Spezialfall $y = mx$. Sie schneidet die y-Achse im Ursprung.
▸ **$n < 0$:** Die Gerade $y = mx$ erscheint um $|n|$ Einheiten nach unten verschoben. Sie schneidet die y-Achse im Punkt $P(0; n)$.

■ Um lineare Funktionen grafisch darzustellen, gibt es mehrere Möglichkeiten.

Beispiel: $y = 2x - 6$

1. Möglichkeit: Man ermittelt zwei Wertepaare der Funktion. Durch zwei Punkte ist die Gerade eindeutig bestimmt. Die Punkte sollten nicht zu nah beieinander liegen, z. B. $x_1 = -1$ und $x_2 = 2$. Man erhält die Punkte $P_1(-1; -8)$, $P_2(2; -2)$.

2. Möglichkeit: Man ermittelt die Schnittpunkte mit den Koordinatenachsen.

Aus $n = -6$ ergibt sich der Schnittpunkt mit der y-Achse: $P(0; -6)$.

Berechnen der Nullstelle (Schnittpunkt mit der x-Achse):

$y = 2x - 6$	$\mid y = 0$ setzen
$2x_0 - 6 = 0$	$\mid$ nach x_0 auflösen
$x_0 = 3$	Fertig: $P_0(3; 0)$ ist die gesuchte Nullstelle.

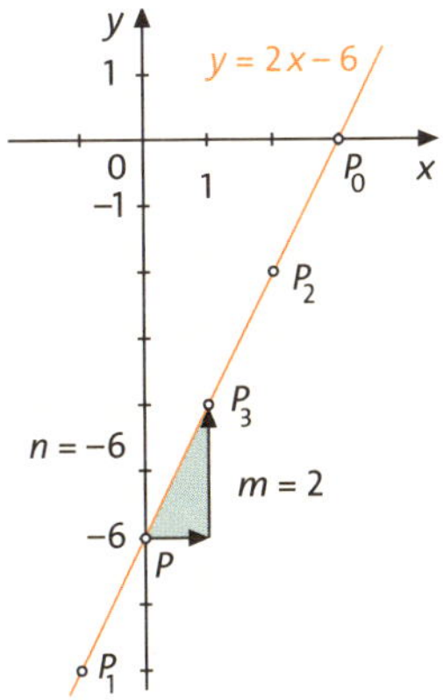

3. Möglichkeit: Aus $n = -6$ ergibt sich $P(0; -6)$.

Mithilfe des Steigungsdreiecks und $m = 2$ erhält man einen zweiten Punkt $P_3(1; -4)$: Von P aus 1 Einheit nach rechts und 2 nach oben.

3 Bestimmen der Funktionsgleichung

Wenn zwei Punkte einer Geraden bekannt sind, dann kann man die Funktionsgleichung $y = mx + n$ der Geraden bestimmen.

Beispiel: Gegeben: $A(-3; -1)$, $B(2; 2)$

▸ Steigung m am Steigungsdreieck ablesen:

$$m = \frac{y\text{-Abschnitt}}{x\text{-Abschnitt}} = \frac{y_2 - y_1}{x_2 - x_1} = \frac{2-(-1)}{2-(-3)} = \frac{3}{5}$$

▸ Absolutglied n berechnen: Ein bekanntes Wertepaar in die Gleichung $y = \frac{3}{5}x + n$ einsetzen, z. B. den Punkt $B(2; 2)$:

$$2 = \frac{3}{5} \cdot 2 + n$$

$$n = 2 - \frac{6}{5} = \frac{4}{5}$$

▸ Die gesuchte Funktionsgleichung lautet also:

$$y = \frac{3}{5}x + \frac{4}{5}$$

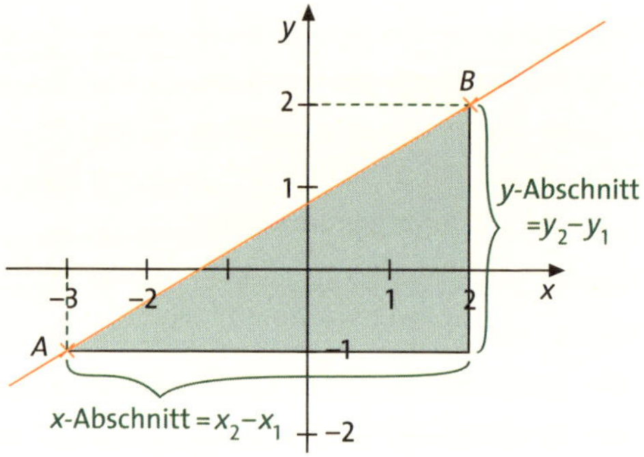

■ Sonderfälle:

Eine Gerade, die parallel zur y-Achse verläuft, ist *keine* Funktion, weil die Zuordnung der x-Werte zu den y-Werten nicht eindeutig ist.

Beispiel: Bei der rechts abgebildeten Geraden sind dem x-Wert $x = 3$ mehrere (sogar unendlich viele) y-Werte zugeordnet.
Eine Geradengleichung (keine Funktionsgleichung) kann man trotzdem angeben: $x = 3$.

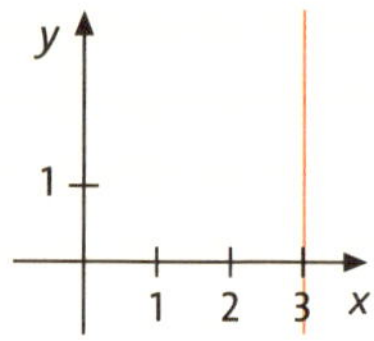

Lineare Gleichungssysteme

1 Grundlagen

Gegeben sei ein System von zwei linearen Gleichungen mit zwei Variablen, z. B.

$$\begin{array}{l|rcl|} \text{I} & 3x - y & = & 3 \\ \text{II} & x + 2y & = & 8 \end{array}$$

Gesucht sind solche Zahlenpaare $(x; y)$, die *beide* Gleichungen erfüllen. Diese Zahlenpaare fasst man in der Lösungsmenge L zusammen. Meistens gibt es genau ein Zahlenpaar in der Lösungsmenge. Aber es kommt auch vor, dass es unendlich viele oder auch gar keine Lösungen gibt. Das werden wir später genauer untersuchen.
Zunächst wenden wir uns der Frage zu, wie man ein lineares Gleichungssystem mit zwei Variablen lösen kann. Es gibt drei Verfahren, wie man die Lösung(en) berechnen kann.

2 Rechnerische Lösung

2.1 Einsetzungsverfahren (Substitutionsverfahren)

Zuerst formt man eine der beiden Gleichungen so um, dass links vom Gleichheitszeichen nur noch eine der beiden Variablen (z. B. y) steht.
Dazu sagt man auch: „Die Gleichung nach y auflösen."
Dann setzt man den gewonnenen Ausdruck in die andere Gleichung ein (deswegen heißt es Einsetzungsverfahren). Anschließend kann man den Wert der anderen Variablen ausrechnen.
Zur besseren Übersicht sind im folgenden Beispiel die Gleichungen, mit denen gerade gerechnet wird, mit römischen Ziffern gekennzeichnet.

Beispiel:

$$\begin{array}{l|rl|} \text{I} & 3x - y &= 3 \\ \text{II} & x + 2y &= 8 \end{array}$$

$(\text{I})\ -y = 3 - 3x \quad |\cdot(-1)$

$y = 3x - 3$

1. Schritt: Ich löse die Gleichung I nach y auf.

(I) in II

$x + 2 \cdot (3x - 3) = 8$

$x + 6x - 6 = 8 \quad | + 6$

$7x = 14 \quad | : 7$

$x = 2$

2. Schritt: In die Gleichung II setze ich den für y gewonnenen Ausdruck (I) ein. Nun kann ich den Wert von x ausrechnen.

$(\text{I})\ 3 \cdot 2 - y = 3 \quad | - 6$

$-y = -3 \quad | \cdot (-1)$

$y = 3$

3. Schritt: Den x-Wert setze ich in eine der beiden Ausgangsgleichungen ein. So kann ich y berechnen.

Lösungsmenge: $L = \{(2; 3)\}$

Das Zahlenpaar ist die Lösung des Gleichungssystems.

Es gibt verschiedene Lösungswege, denn beim 1. Schritt kann man wählen, welche der beiden Gleichungen man nach welcher Variablen auflöst. Man versucht einen möglichst einfachen Weg zu gehen. Das hängt von der Struktur des Gleichungssystems ab.

▶ **BEACHTE** Bei der Probe muss die Lösung in *beiden* Ausgangsgleichungen überprüft werden. Im Beispiel ergab sich die Lösung $x = 2$; $y = 3$.

Probe:

(I)		(II)	
	$3x - y = 3$		$x + 2y = 8$
	$3 \cdot 2 - 3 = 3$		$2 + 2 \cdot 3 = 8$
	$3 = 3$		$8 = 8$

2.2 Gleichsetzungsverfahren

Zuerst löst man beide Gleichungen nach derselben Variablen auf. Dann setzt man die gewonnenen Ausdrücke gleich (deswegen heißt es Gleichsetzungsverfahren). Anschließend kann man den Wert der Variablen ausrechnen.

Beispiel:

$$\begin{array}{l|rcl|} \text{I} & 3x - y & = & 3 \\ \text{II} & x + 2y & = & 8 \end{array}$$

(I) $x = 1 + \frac{y}{3}$

(II) $x = 8 - 2y$

1. Schritt: Ich löse beide Gleichungen nach x auf.

Gleichsetzen (I) = (II)

$$1 + \frac{y}{3} = 8 - 2y \qquad | + 2y - 1$$

$$2y + \frac{y}{3} = 8 - 1$$

$$\frac{6y + y}{3} = 7 \qquad | \cdot 3$$

$$7y = 21 \qquad | : 7$$

$$y = 3$$

2. Schritt: Ich setze die beiden für x gewonnenen Ausdrücke gleich. Durch Umformen kann ich nun den Wert von y ausrechnen.

(II) $x + 2y = 8$

$$x + 2 \cdot 3 = 8 \qquad | - 6$$

$$x = 2$$

Der **3. Schritt** ist der gleiche wie beim Einsetzungsverfahren.

Lösungsmenge: $L = \{(2; 3)\}$

Auch bei diesem Verfahren gibt es wieder verschiedene Lösungswege, denn beim 1. Schritt kann man wählen, nach welcher der beiden Variablen man auflöst.

2.3 Additionsverfahren

Durch Multiplizieren einer der beiden Gleichungen kann man erreichen, dass die Koeffizienten einer Variablen in beiden Gleichungen dem Betrag nach übereinstimmen.

Beispiel:

$$\begin{array}{ll|rcl|l} \text{I} & & 3x - y &=& 3 & \cdot 2 \\ \text{II} & & x + 2y &=& 8 & \end{array}$$

1. Schritt: Ich multipliziere I mit 2, damit der Koeffizient zu y bei beiden Gleichungen denselben Betrag hat.

$$\begin{array}{l|rcl|l} \text{(I)} & 6x - 2y &=& 6 & \\ + \text{II} & x + 2y &=& 8 & \\ \hline & 7x + 0 &=& 14 & :7 \\ & x &=& 2 & \end{array}$$

2. Schritt: Ich addiere die Gleichungen (I) + II, dabei fällt die Variable y weg. x kann ich jetzt leicht ausrechnen.

Lösungsmenge: $L = \{(2; 3)\}$

Der **3. Schritt** ist der gleiche wie bei den vorigen Verfahren.

Auch beim Additionsverfahren gibt es wieder verschiedene Lösungswege. Eine andere Möglichkeit wäre gewesen, beim 1. Schritt die Gleichung II mit 3 zu multiplizieren. Dann sähe der 2. Schritt so aus:

Beispiel:

$$\begin{array}{l|rcl|l} \text{I} & 3x - y &=& 3 & \\ -\text{(II)} & 3x + 6y &=& 24 & \\ \hline & 0 - 7y &=& -21 & :(-7) \\ & y &=& 3 & \end{array}$$

2. Schritt: Jetzt sind die Koeffizienten zu x bei I und (II) gleich. Damit die Variable x wegfällt, *subtrahiere* ich die Gleichungen.

3 Grafische Lösung

Man kann die Lösung eines linearen Gleichungssystems auch grafisch bestimmen. Dazu formt man die Gleichungen zu Geradengleichungen um. Der Schnittpunkt der Geraden ist die Lösung des Gleichungssystems, denn er gehört zu beiden Geraden.

Beispiel:

$$\begin{array}{l|l|} \text{I} & 3x - y = 3 \\ \text{II} & x + 2y = 8 \end{array}$$

(I) $y = 3x - 3$

(II) $y = -\frac{1}{2}x + 4$

1. Schritt: Man löst beide Gleichungen nach y auf.

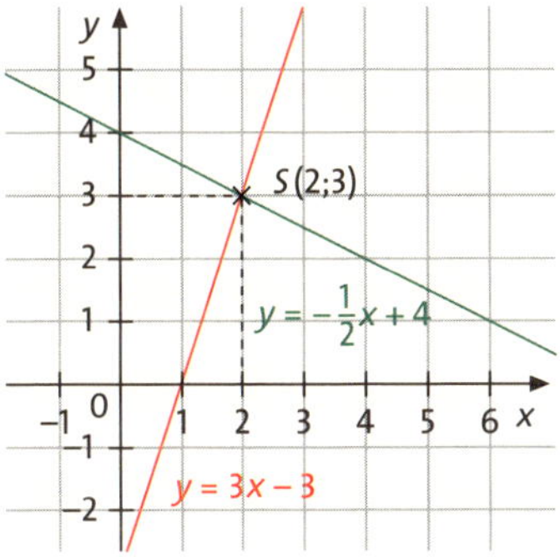

2. Schritt: Man fasst die Gleichungen als Funktionsgleichungen auf und zeichnet ihre Graphen im Koordinatensystem. Als Schnittpunkt stellt man $S(2; 3)$ fest. Die Probe mit $(2; 3)$ ergibt, dass dies tatsächlich die Lösung des Gleichungssystems ist.

Lösungsmenge: $L = \{(2; 3)\}$

4 Anzahl der Lösungen

Nicht jedes Gleichungssystem hat genau eine Lösung.
Wenn die Gleichungen einander widersprechen, dann gibt es keine Lösung. Wenn die Gleichungen identisch sind, dann gibt es unbegrenzt viele Lösungen.

Beispiel: für keine Lösung:

$$\begin{array}{l|rcl|l} \text{I} & x + 2y &=& 8 & \cdot 2 \\ \text{II} & 2x + 4y &=& -10 & \end{array}$$

Lösen mit dem Additionsverfahren.

$$\begin{array}{l|rcl|} \text{(I)} & 2x + 4y &=& 16 \\ -\text{II} & 2x + 4y &=& -10 \\ \hline & 0 &=& 26 \end{array}$$

Widerspruch: $0 = 26$ ist eine falsche Aussage! Also gibt es keine Lösung.

$L = \{\ \}$

Die Lösungsmenge ist leer.

Beispiel: für unendlich viele Lösungen:

$$\begin{array}{l|rcl|l} \text{I} & 3x + 6y &=& 24 & \\ \text{II} & x + 2y &=& 8 & \cdot 3 \end{array}$$

Lösen mit dem Additionsverfahren.

$$\begin{array}{l|rcl|} \text{I} & 3x + 6y &=& 24 \\ -\text{(II)} & 3x + 6y &=& 24 \\ \hline & 0 &=& 0 \end{array}$$

Die Gleichungen sind identisch. Also gibt es unendlich viele Lösungen (Für jeden x-Wert kann man einen passenden y-Wert berechnen.).

$L = \{(x; y) \mid x + 2y = 8\}$

Beispiel: für ein Gleichungssystem *ohne* Lösung:

$$\begin{array}{l|l|}\text{I} & 3x - y = 3 \\ \text{II} & 6x - 2y = -8\end{array}$$

Auflösen der Gleichungen nach y:

(I) $y = 3x - 3$

(II) $y = 3x + 4$

Beide Funktionen haben den gleichen Anstieg 3, die zugehörigen Geraden sind deswegen parallel.

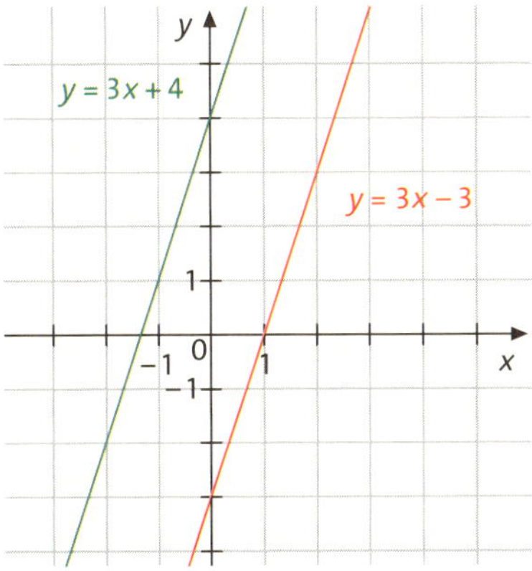

Parallele Geraden schneiden einander nicht. Es gibt keinen Punkt, der beiden Geraden angehört. Das zugehörige Gleichungssystem hat daher *keine* Lösung.

$L = \{\ \}$

Beispiel: für ein Gleichungssystem mit *unendlich vielen* Lösungen:

$$\begin{array}{l|l|}\text{I} & 3x - y = 3 \\ \text{II} & 6x - 2y = 6\end{array}$$

Auflösen der Gleichungen nach y:

(I) $y = 3x - 3$

(II) $y = 3x - 3$

Die Gleichungen sind identisch. Daher fallen auch die zugehörigen Geraden zusammen.

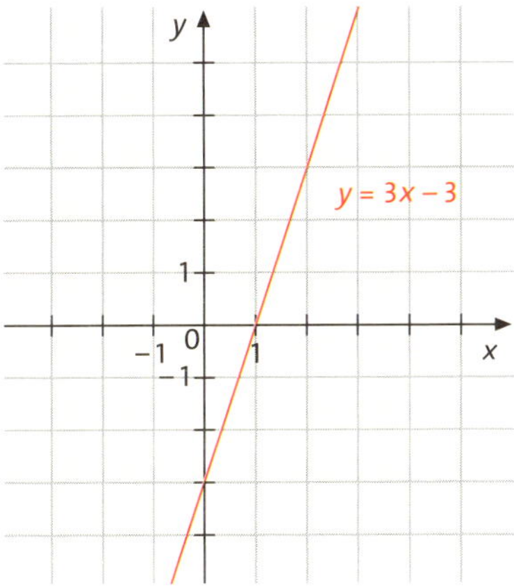

Jeder Punkt der einen Geraden ist auch Punkt der anderen. Das zugehörige Gleichungssystem hat daher *unendlich viele* Lösungen, nämlich alle Wertepaare, die die Geradengleichung erfüllen.

$L = \{(x; y) \mid y = 3x - 3\}$

5 Umsetzen von Textaufgaben

Die folgenden Aufgaben sollen mit zwei Gleichungen mit zwei Unbekannten gelöst werden. Man könnte sie alle auch nur mit einer Unbekannten lösen, aber dann wäre die Vorarbeit, die man im Kopf leisten müsste, größer. Es ist meistens einfacher mit zwei Gleichungen und zwei Unbekannten. Bei einfachen Aufgaben kann man die Gleichungen sofort hinschreiben.

Beispiel:

Hans ist 5 Jahre älter als Peter.
Zusammen sind sie 35 Jahre alt.

Wir legen fest:
Hans ist x Jahre alt,
Peter ist y Jahre alt.

$$\begin{array}{l|l|}\text{I} & x = y + 5 \\ \text{II} & x + y = 35 \end{array}$$

Hans' Alter = Peters Alter + 5
Hans' Alter + Peters Alter = 35

Versuche, selbst zu lösen. Die Lösung findest du im Lösungsteil.

Bei schwierigen Fragen kann es helfen, sich die Angaben übersichtlich in einer Tabelle zusammenzustellen.

Beispiel: Über ein Rechteck sind folgende Informationen gegeben:

Der Umfang des Rechtecks beträgt 30 cm.
Wenn man die kürzere Seite des Rechtecks um 2 cm verlängert und die längere Seite um 2 cm verkürzt, so erhält man ein neues Rechteck, dessen Flächeninhalt 6 cm² größer ist als der des alten Rechtecks.
Wie lang waren die Seiten des alten Rechtecks?

	altes Rechteck	neues Rechteck
kurze Seite	x	$x + 2$
lange Seite	y	$y - 2$
Umfang	$2x + 2y = 30$ cm	$2\,(x + 2) + 2\,(y - 2)$
Flächeninhalt	$x \cdot y$	$(x + 2) \cdot (y - 2) = x \cdot y + 6$ cm²

Aus den Informationen erstellt man das folgende Gleichungssystem, dabei lässt man zum Rechnen alle Einheiten weg:

$$\begin{array}{l|l|}\text{I} & 2x + 2y = 30 \\ \text{II} & (x + 2) \cdot (y - 2) = x \cdot y + 6 \end{array}$$

Versuche, selbst zu lösen. Die Lösung findest du im Lösungsteil.

Quadratwurzeln und die Menge der reellen Zahlen $\mathbb{R}$

1 Gleichungen der Form $x^2 = a$

Die Quadrate der natürlichen Zahlen heißen Quadratzahlen. Hier sind die Quadratzahlen von 1^2 bis 20^2 in einer Tabelle zusammengefasst:

n	1	2	3	4	5	6	7	8	9	10
n^2	1	4	9	16	25	36	49	64	81	100

n	11	12	13	14	15	16	17	18	19	20
n^2	121	144	169	196	225	256	289	324	361	400

Wir betrachten nun die Gleichungen der Form $x^2 = a$, wobei a eine gegebene Quadratzahl sein soll, z. B. $x^2 = 36$. Aus der Tabelle entnehmen wir, dass 36 das Quadrat von 6 ist. Aber auch -6 hat als Quadrat 36, denn $(-6) \cdot (-6) = 36$. Die Gleichung hat also zwei Lösungen, ihre Lösungsmenge ist $L = \{-6; 6\}$. Ebenso erhalten wir für alle anderen Quadratzahlen zwei Lösungen. Auch wenn a keine Quadratzahl ist, gilt: $x^2 = a$ hat zwei Lösungen.

Beispiel: $x^2 = \frac{1}{4}$; $L = \left\{-\frac{1}{2}; \frac{1}{2}\right\}$

$\frac{1}{4}$ ist das Quadrat von $\frac{1}{2}$ und von $-\frac{1}{2}$, denn:

$\left(\frac{1}{2}\right)^2 = \frac{1}{2} \cdot \frac{1}{2} = \frac{1}{4}$ und $\left(-\frac{1}{2}\right)^2 = \left(-\frac{1}{2}\right) \cdot \left(-\frac{1}{2}\right) = \frac{1}{4}$.

MERKE Gleichungen der Form $x^2 = a$ haben zwei Lösungen, wenn a eine positive rationale Zahl ist. Die beiden Lösungen unterscheiden sich nur durch das Vorzeichen.

2 Die Gleichung $x^2 = 2$

Betrachten wir einmal die Gleichung $x^2 = 2$. Sie hat sicherlich keine natürliche Zahl als Lösung, denn: $1^2 = 1$ und $2^2 = 4$. Also muss die (positive) Lösung der Gleichung zwischen 1 und 2 liegen. Durch Probieren kann man diese Lösung weiter eingrenzen:

$1 < x < 2$, weil $1^2\ (= 1) < 2 < 2^2\ (= 4)$
$1{,}4 < x < 1{,}5$, weil $1{,}4^2\ (= 1{,}96) < 2 < 1{,}5^2\ (= 2{,}25)$
$1{,}41 < x < 1{,}42$, weil $1{,}41^2\ (= 1{,}9881) < 2 < 1{,}42^2\ (= 2{,}0164)$
… und so weiter.

Auf diese Weise kann man die Lösung mit beliebig vielen Nachkommastellen eingrenzen. Erhält man so jemals, zum Beispiel mit 35 Nachkommastellen, eine genaue Lösung? Die Antwort heißt: Nein. Mann kann zeigen, dass die Lösung *keine rationale Zahl* und damit auch kein endlicher Dezimalbruch ist.

Keine rationale Zahl? Gibt es denn so etwas? Wir werden gleich sehen, dass diese Zahl durchaus ihren Platz auf der Zahlengeraden hat. Zunächst wollen wir aber diesem Ungeheuer einen Namen geben.

MERKE Die positive Lösung der Gleichung $x^2 = 2$ bezeichnet man als Quadratwurzel aus 2 oder $\sqrt{2}$.

Wenn wir es schaffen, ein Quadrat mit dem Flächeninhalt 2 zu zeichnen, dann haben die Seiten des Quadrats die Länge $\sqrt{2}$.

Das geht leicht, wenn man mit den Diagonalen beginnt. Bei dem rechts abgebildeten Quadrat haben die Diagonalen die Länge 2. Von den vier Teildreiecken hat jedes den Flächeninhalt $\frac{1}{2}$, also ist der Flächeninhalt des Quadrates gleich $4 \cdot \frac{1}{2} = 2$. Die Seitenlänge des Quadrates beträgt also $\sqrt{2}$.

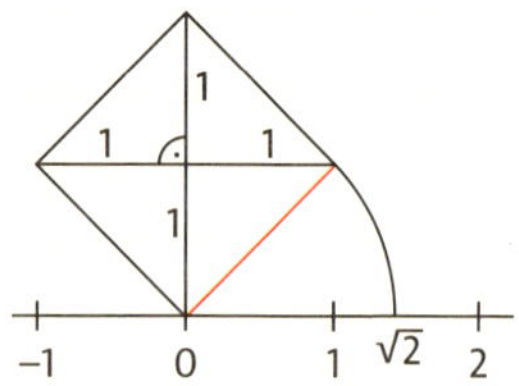

Mit einem Zirkel kann man diese Länge auf die Zahlengerade übertragen. Damit erhält man den genauen Platz der – nicht rationalen – Zahl $\sqrt{2}$ auf der Zahlengeraden. Statt „nicht rationale Zahl" sagt man auch irrationale Zahl.

Wir wissen schon, dass Gleichungen der Form $x^2 = a$ (mit[1] $a \in \mathbb{Q}^+$) zwei Lösungen haben, die sich durch das Vorzeichen unterscheiden.
Die Lösungen der Gleichung $x^2 = 2$ lauten also: $L = \{-\sqrt{2}; \sqrt{2}\}$.
$\sqrt{2}$ ist eine irrationale Zahl mit unendlich vielen Dezimalstellen.
$\sqrt{2} = 1{,}414\,213\,562\ldots \approx 1{,}41$

3 Quadratwurzeln

Die positive Lösung der Gleichung $x^2 = 2$ haben wir mit $\sqrt{2}$ bezeichnet. Entsprechend wird die positive Lösung der Gleichung $x^2 = 5$ mit $\sqrt{5}$ bezeichnet. Allgemein gilt:

MERKE

- Unter der Quadratwurzel einer Zahl a, kurz: $\sqrt{a}$, versteht man die positive Lösung der Gleichung $x^2 = a$ (mit $a \in \mathbb{Q}^+$).
- Im Term $\sqrt{a}$ heißt a der **Radikand**.
- Das Bestimmen der positiven Lösung der Gleichung $x^2 = a$ ($a \in \mathbb{Q}^+$) heißt **Wurzelziehen** oder **Radizieren**.

BEACHTE Der Radikand muss größer oder gleich 0 sein. Denn es gibt keine Zahl, die mit sich selbst multipliziert ein negatives Produkt ergibt. Die Vorzeichenregeln lauten ja: $\boxed{-} \cdot \boxed{-} = \boxed{+}$ und $\boxed{+} \cdot \boxed{+} = \boxed{+}$.
Deswegen hat eine Gleichung $x^2 = b$ mit einer negativen Zahl $b \in \mathbb{Q}^-$ *keine* Lösung.

■ Eine Übersicht über Eigenschaften der Quadratwurzeln:

- $\sqrt{a}$ ist diejenige positive Zahl, deren Quadrat die Zahl a ist.
Kurz: $(\sqrt{a})^2 = a$; $a \in \mathbb{Q}^+$

Beispiele:

a) $(\sqrt{3})^2 = 3$
b) $\sqrt{-5}$ ist nicht definiert.

- $\sqrt{0} = 0$

---

[1] $\mathbb{Q}^+$ sind die positiven rationalen Zahlen. $a \in \mathbb{Q}^+$ bedeutet, dass man in der Gleichung $x^2 = a$ für a eine beliebige positive rationale Zahl einsetzen kann.

▸ Wird aus dem Quadrat einer positiven Zahl die Wurzel gezogen, ist das Ergebnis wieder die ursprüngliche Zahl.
Kurz: $\sqrt{a^2} = a;\ a \in \mathbb{Q}^+$

Beispiel: $\sqrt{7^2} = 7$

▸ Eine Gleichung der Form $x^2 = a$ mit $a \in \mathbb{Q}^+$ hat die Lösungsmenge $L = \{-\sqrt{a}; \sqrt{a}\}$.

Beispiel: $x^2 = 10$ hat die Lösungsmenge $L = \{-\sqrt{10}; \sqrt{10}\}$.

4 Die Menge der reellen Zahlen

Die *rationalen* Zahlen umfassen alle Zahlen, die sich als Bruchzahl $\frac{a}{b}$ mit natürlichen Zahlen *a, b* darstellen lassen. Dazu gehören auch Zahlen wie $-4{,}739\,43$ oder $11{,}\overline{1}$, die sich als Bruchzahlen $\frac{-473\,943}{100\,000}$ und $\frac{100}{9}$ schreiben. Mit $\sqrt{2}; \sqrt{3}; \sqrt{5}$ usw. haben wir *irrationale* Zahlen kennengelernt. Vielleicht kennst du die Zahl $\pi = 3{,}141\,59\ldots$ (sprich: pi) aus der Kreisberechnung. Auch π ist eine irrationale Zahl.

MERKE Rationale Zahlen und irrationale Zahlen fasst man in der Menge der reellen Zahlen $\mathbb{R}$ zusammen.

Jeder reellen Zahl ist ein Punkt auf der Zahlengeraden zugeordnet. Und zu jedem Punkt der Zahlengeraden gehört eine reelle Zahl.

Beispiele:

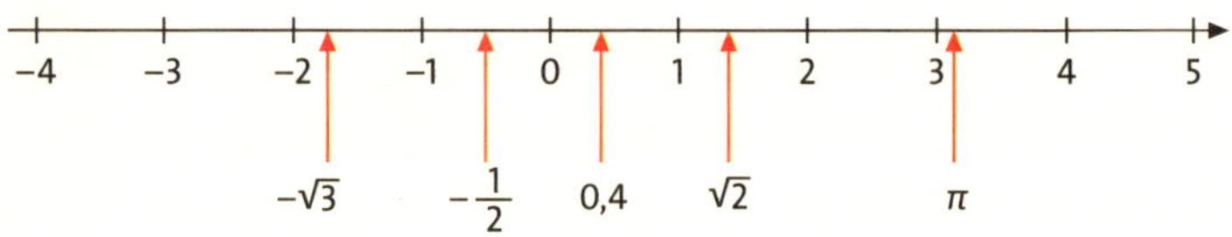

5 Rechnen mit Quadratwurzeln

Die Rechengesetze für rationale Zahlen (Assoziativgesetz, Kommutativgesetz, Distributivgesetz) gelten ohne Ausnahme auch für reelle Zahlen. Wenn man reelle Zahlen addiert, subtrahiert, multipliziert oder dividiert (Division wie immer ohne die Zahl Null im Divisor), erhält man als Ergebnis wieder eine reelle Zahl.

Beispiele:

a) $2 \cdot \sqrt{3} \cdot 3 = 2 \cdot 3 \cdot \sqrt{3} = 6 \cdot \sqrt{3} = 6\sqrt{3}$
$6\sqrt{3}$ ist die Kurzschreibweise für $6 \cdot \sqrt{3}$.

b) $\left(\sqrt{3} + 1\right) \cdot \sqrt{3} = \sqrt{3} \cdot \sqrt{3} + 1 \cdot \sqrt{3} = \left(\sqrt{3}\right)^2 + \sqrt{3} = 3 + \sqrt{3}$

$6\sqrt{3}$ und $3 + \sqrt{3}$ sind reelle Zahlen.

MERKE Besondere Rechenregeln für Wurzeln:

1 $\sqrt{a} \cdot \sqrt{b} = \sqrt{a \cdot b}$ für $a, b \in \mathbb{Q}_0^+$

2 $\frac{\sqrt{a}}{\sqrt{b}} = \sqrt{\frac{a}{b}}$ für $a \in \mathbb{Q}_0^+$, $b \in \mathbb{Q}^+$

Beispiele:

a) $\sqrt{2} \cdot \sqrt{3} = \sqrt{2 \cdot 3} = \sqrt{6}$ Mit der ersten Regel berechnet.

b) $\frac{\sqrt{8}}{\sqrt{2}} = \sqrt{\frac{8}{2}} = \sqrt{4} = 2$ Mit der zweiten Regel berechnet.

c) $\sqrt{\frac{4}{9}} = \frac{\sqrt{4}}{\sqrt{9}} = \frac{2}{3}$

d) $\sqrt{0{,}49} = \sqrt{\frac{49}{100}} = \frac{\sqrt{49}}{\sqrt{100}}$
$= \frac{7}{10} = 0{,}7$

Bei c) und d) benutze ich die zweite Regel „von rechts nach links“.

Gleiche Wurzeln kann man zusammenfassen. Das vereinfacht den Term.

Beispiel: $3\sqrt{2} + 5\sqrt{2} + \sqrt{3} = (3 + 5)\sqrt{2} + \sqrt{3} = 8\sqrt{2} + \sqrt{3}$

6 Teilweises Wurzelziehen und Rationalmachen des Nenners

■ Manche Quadratwurzeln kann man vereinfachen, indem man den Radikanden so in Faktoren zerlegt, dass mindestens ein Faktor ein Quadrat ist. Aus dieser Quadratzahl zieht man dann die Wurzel. Man nennt dieses Verfahren **teilweises Wurzelziehen**.

Beispiel: $\sqrt{50} = \sqrt{25 \cdot 2} = \sqrt{25} \cdot \sqrt{2} = 5\sqrt{2}$

■ Ist $\frac{1}{\sqrt{3}}$ eine reelle Zahl? Ja, denn wir haben schon festgestellt, dass der Quotient aus reellen Zahlen (Ausnahme: Nenner gleich null) wieder eine reelle Zahl ergibt. Allerdings sollte man den Ausdruck $\frac{1}{\sqrt{3}}$ vereinfachen. Man formt den Bruch durch Erweitern so um, dass keine Wurzel mehr im Nenner steht. Dies nennt man **Rationalmachen des Nenners**.

▶ Wenn im Nenner eine Wurzel allein oder als Faktor steht, dann erweitert man mit dieser Wurzel.

Beispiel:

$$\frac{1}{\sqrt{3}} = \frac{1 \cdot \sqrt{3}}{\sqrt{3} \cdot \sqrt{3}}$$

Ich erweitere mit der Wurzel, die im Nenner steht, in diesem Beispiel mit $\sqrt{3}$.

$$= \frac{\sqrt{3}}{3}$$

Genauso gut kann man schreiben: $\frac{1}{3}\sqrt{3}$.

▶ Wenn im Nenner eine Summe oder eine Differenz mit einer Wurzel steht, so muss man mit einer Differenz bzw. mit einer Summe so erweitern, dass man die 3. binomische Formel anwenden kann.

Beispiel:

$$\frac{1}{1 + \sqrt{2}} = \frac{1 - \sqrt{2}}{(1 + \sqrt{2})(1 - \sqrt{2})}$$

$$= \frac{1 - \sqrt{2}}{1^2 - (\sqrt{2})^2} = \frac{1 - \sqrt{2}}{-1} = \sqrt{2} - 1$$

Zuerst erweitere ich. Mein Ziel ist dabei, die 3. binomische Formel so anzuwenden, dass der Summand $\sqrt{2}$ im Nenner verschwindet.

Quadratische Gleichungen

1 Allgemeine Form und Normalform

Einfache quadratische Gleichungen der Form $x^2 = a$ haben wir schon im vorhergehenden Kapitel behandelt. Bei einer quadratischen Gleichung gibt es immer ein Glied mit x^2, außerdem kann ein Glied mit x und ein absolutes Glied (eine Zahl) vorkommen.

Beispiele:

a) $3x^2 + 3x = -x - 5$

b) $4{,}3x^2 - x = 37{,}5$

c) $3x^2 = x$

Um eine quadratische Gleichung lösen zu können, muss man sie meistens zuerst umformen. Es gibt zwei Formen, für die es Lösungsformeln gibt:

MERKE $ax^2 + bx + c = 0$ mit $a \neq 0$ heißt **allgemeine Form** einer quadratischen Gleichung.

Beispiel:

$3x^2 + 3x = -x - 5 \quad \mid +x+5$	Ich bringe Gleichung a) aus obigem
$3x^2 + 4x + 5 = 0$	Beispiel in die allgemeine Form.

MERKE $x^2 + px + q = 0$ heißt **Normalform** einer quadratischen Gleichung.

Dividiert man eine Gleichung, die in allgemeiner Form vorliegt, durch a, so erhält man die Normalform einer quadratischen Gleichung.

Beispiel:

$5x^2 + 12x + 45 = 0 \quad \mid :5$	Ich bringe eine gegebene Gleichung
$x^2 + 2{,}4x + 9 = 0$	(allgemeine Form) in die Normalform.

Allgemeine Form:

$ax^2 + bx + c = 0$ (mit $a \neq 0$)

▶ Lösungsformel:

$$x_{1/2} = \frac{-b \pm \sqrt{b^2 - 4ac}}{2a}$$

(x_1 mit „+"; x_2 mit „–")

Diskriminante $D = b^2 - 4ac$

Normalform:

$x^2 + px + q = 0$

▶ Lösungsformel:

$$x_{1/2} = -\frac{p}{2} \pm \sqrt{\frac{p^2}{4} - q}$$

(x_1 mit „+"; x_2 mit „–")

Diskriminante $D = \frac{p^2}{4} - q$

■ Quadratische Gleichungen können – genau wie wir es schon von den Gleichungen der Form $x^2 = a$ kennen – keine, eine oder zwei Lösungen haben. Deswegen steht in den Lösungsformeln $x_{1/2}$. (Wie man die Formeln benutzt, siehst du beim folgenden Beispiel.) An der Diskriminante kann man ablesen, wie viele Lösungen die quadratische Gleichung hat:

▶ Falls $D > 0$: Zwei Lösungen x_1 und x_2 wie oben.

▶ Falls $D = 0$: Eine Lösung $x = -\frac{b}{2a}$ bzw. $x = -\frac{p}{2}$.

▶ Falls $D < 0$: Keine Lösung, denn eine Wurzel aus einer negativen Zahl ist nicht definiert.

Beispiel: $3x^2 + 9x = 6$

Lösen in „allgemeiner Form":

1. Schritt: Umformen.

$3x^2 + 9x = 6 \quad | -6$

$3x^2 + 9x - 6 = 0$

$a = 3; b = 9; c = -6$

2. Schritt: Die Diskriminante ausrechnen.

$D = 9^2 - 4 \cdot 3 \cdot (-6) = 153$

$D > 0 \Rightarrow 2$ Lösungen

Lösen in „Normalform":

$3x^2 + 9x = 6 \quad | -6$

$3x^2 + 9x - 6 = 0 \quad | :3$

$x^2 + 3x - 2 = 0$

$p = 3; q = -2$

$D = \frac{3^2}{4} - (-2) = \frac{17}{4}$

$D > 0 \Rightarrow 2$ Lösungen

3. Schritt: In Lösungsformel einsetzen, dann die Wurzel vereinfachen.

$$x_{1/2} = \frac{-9 \pm \sqrt{153}}{2 \cdot 3} = \frac{-9 \pm 3 \cdot \sqrt{17}}{2 \cdot 3} = \frac{-3 \pm \sqrt{17}}{2}$$

$$x_{1/2} = -\frac{3}{2} \pm \sqrt{\frac{17}{4}} = -\frac{3}{2} \pm \frac{1}{2}\sqrt{17}$$

4. Schritt: Ich berechne x_1, indem ich für ± ein + einsetze, und x_2, indem ich für ± ein – einsetze.

$$x_1 = \frac{-3 + \sqrt{17}}{2} \approx 0{,}56 \qquad x_1 = -\frac{3}{2} + \frac{1}{2}\sqrt{17} \approx 0{,}56$$

$$x_2 = \frac{-3 - \sqrt{17}}{2} \approx -3{,}56 \qquad x_2 = -\frac{3}{2} - \frac{1}{2}\sqrt{17} \approx -3{,}56$$

$$L = \left\{\frac{-3 - \sqrt{17}}{2}; \frac{-3 + \sqrt{17}}{2}\right\} \qquad L = \left\{-\frac{3}{2} - \frac{1}{2}\sqrt{17}; -\frac{3}{2} + \frac{1}{2}\sqrt{17}\right\}$$

▶ **BEACHTE** Du kannst an dem Beispiel sehen, dass man die Lösungen verschieden schreiben kann. Betrachte die Lösung x_1:

$$x_1 \approx 0{,}56; \qquad x_1 = \frac{-3 + \sqrt{17}}{2}; \qquad x_1 = -\frac{3}{2} + \frac{1}{2}\sqrt{17}.$$

Alle Lösungen sind richtig, denn sie geben dieselbe Zahl an. Oft steht in der Aufgabenstellung, welche Schreibweise gewünscht wird.

Ob du eine quadratische Gleichung mit der *abc*-Formel löst oder zunächst in die Normalform bringst, um sie mit der *pq*-Formel zu lösen, kannst du selbst entscheiden.

2 Sonderfälle

Wenn in der quadratischen Gleichung $ax^2 + bx + c = 0$ entweder $b = 0$ oder $c = 0$ ist, kann man die Gleichung auch ohne Lösungsformel lösen.

- **Fall 1: $b = 0$, dann lautet die Gleichung $ax^2 + c = 0$**

$$ax^2 + c = 0 \quad | \text{ nach } x^2 \text{ auflösen}$$

$$x^2 = -\frac{c}{a}$$

$$x_1 = \sqrt{-\frac{c}{a}}\,;\; x_2 = -\sqrt{-\frac{c}{a}}$$

- Wenn der Radikand positiv ist, gibt es die beiden Lösungen x_1 und x_2.
- Wenn der Radikand null ist, gibt es eine Lösung: $x = 0$.
- Wenn der Radikand negativ ist, gibt es keine Lösung.

Beispiel:

$$2x^2 - 8 = 0$$

$$x^2 = 4$$

$$x_1 = \sqrt{4} = 2 \text{ und } x_2 = -\sqrt{4} = -2$$

$$L = \{-2; 2\}$$

- **Fall 2: $c = 0$, dann lautet die Gleichung $ax^2 + bx = 0$**

$$ax^2 + bx = 0$$

x ausklammern.

$$x(ax + b) = 0$$

Ein Produkt ist dann gleich null, wenn einer der beiden Faktoren null ist. Lösungen sind also: $x = 0$ und $ax + b = 0$.

$$x_1 = 0 \text{ und } ax_2 + b = 0$$

$$ax_2 = -b$$

$$x_2 = -\frac{b}{a}$$

$$L = \left\{0; -\frac{b}{a}\right\}$$

Beispiel:

$$x^2 + 3x = 0$$

$$x(x + 3) = 0$$

$$x_1 = 0 \text{ und } x_2 + 3 = 0$$

$$x_2 = -3$$

$$L = \{-3; 0\}$$

▶ **BEACHTE**

Vergiss die Lösung $x_1 = 0$ nicht!

Quadratische Funktionen

1 Die Funktion $y = x^2$

Eine Zusammenstellung der wichtigsten Grundbegriffe zu Funktionen findest du auf Seite 22!

Wir betrachten die quadratische Funktion $y = x^2$. (Andere mögliche Bezeichnungen derselben Funktion sind: $f(x) = x^2$; $f: y = x^2$ oder $f: x \to x^2$.) Zuerst berechne ich einige Funktionswerte und trage sie in eine Wertetabelle ein: $f(-3) = (-3)^2 = 9$; $f(-2) = (-2)^2 = 4$; $f(-1{,}5) = (-1{,}5)^2 = 2{,}25$ usw.

x	−3	−2	−1,5	−1	−0,5	0	0,5	1	1,5	2	3
$y = f(x) = x^2$	9	4	2,25	1	0,25	0	0,25	1	2,25	4	9

Nun trage ich die Wertepaare als Punkte in das Koordinatensystem rechts ein und verbinde sie zu einer Kurve.

■ Eigenschaften der Funktion $y = x^2$:

▸ Für die Argumente x kannst du alle reellen Zahlen einsetzen. Deshalb ist der **Definitionsbereich** $\mathbb{D} = \mathbb{R}$.

▸ Es gibt *keine negativen Funktionswerte,* weil das Quadrat einer Zahl immer größer oder gleich null ist. Deshalb liegt die Kurve oberhalb der x-Achse. Der **Wertebereich** ist die Menge der nichtnegativen reellen Zahlen: $\mathbb{W} = \mathbb{R}_0^+$

▸ Man nennt den Graph dieser quadratischen Funktion **Normalparabel**.

▸ Die Parabel berührt die x-Achse bei $x = 0$. Deshalb hat die Funktion eine **Nullstelle**, sie heißt $x_0 = 0$.

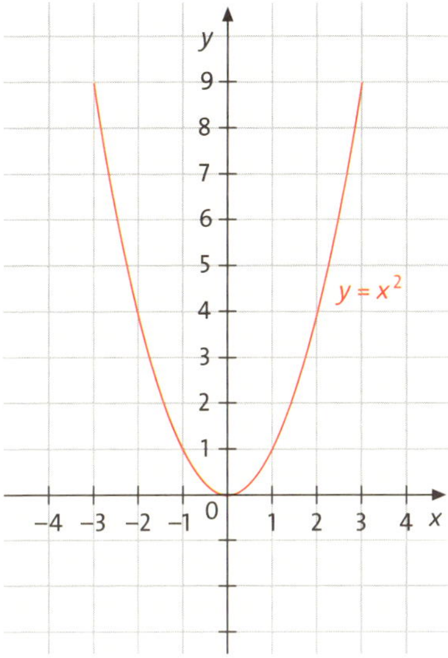

▸ Von besonderer Bedeutung ist der tiefste Punkt der Parabel. Er heißt Scheitelpunkt S. Er hat die Koordinaten $S(0; 0)$.

▸ Mit der Längeneinheit 1 cm kannst du eine solche Normalparabel mit der Parabelschablone zeichnen.

2 Die allgemeine quadratische Funktion

Die Funktionsgleichung einer quadratischen Funktion in allgemeiner Form sieht so aus: $y = ax^2 + bx + c$. Dabei können a, b und c beliebige reelle Zahlen sein.

Wir kennen schon die quadratische Funktion $y = x^2$.

Weitere **Beispiele** für quadratische Funktionen:

a) $y = 12x^2 + 4x - 3$

b) $y = -x^2 + 2{,}3x$

c) $y = \frac{1}{3}x^2 + 23$

Bei den Beispielen b) und c) ist ein Glied der Funktionsgleichung weggefallen, weil der Koeffizient b bzw. c gleich null ist.

In diesem Kapitel erweitern wir die bekannte Funktion $y = x^2$ Schritt für Schritt zur quadratischen Funktion $y = ax^2 + bx + c$.

2.1 Verschieben der Normalparabel

■ Man kann die Normalparabel in Richtung der y-Achse verschieben, indem man ein absolutes Glied zur Funktionsgleichung hinzufügt:

Der Graph von Funktionen der Art $y = x^2 + e$ hat dieselbe Form wie die Normalparabel. Die Normalparabel ist um e Einheiten in Richtung der y-Achse verschoben.

Beispiele:

a) $y = x^2$

b) $y = x^2 - 2$

c) $y = x^2 + 3$

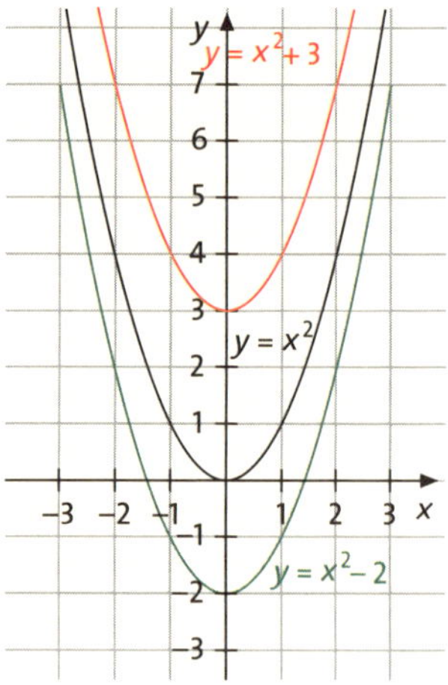

■ Und so verschiebt man die Normalparabel in Richtung der x-Achse:
Funktionsgraphen der Art $y = (x + d)^2$ haben dieselbe Form wie die Normalparabel. Sie sind parallel zur x-Achse um $-d$ Einheiten verschoben.

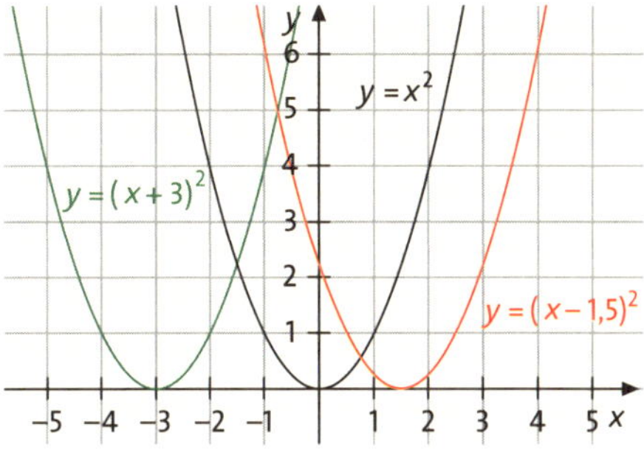

Beispiele:
- a) $y = x^2$
- b) $y = (x + 3)^2$
- c) $y = (x - 1{,}5)^2$

■ Gehören die Funktionen der Art $y = (x + d)^2$ überhaupt zu den quadratischen Funktionen, die wir ja mit $y = ax^2 + bx + c$ definiert haben?
Ja, denn durch Ausmultiplizieren (1. binomische Formel) erhält man:
$y = (x + d)^2 = x^2 + 2dx + d^2$.
Und diese Funktionsgleichung hat die bekannte Form $y = ax^2 + bx + c$.
Beispiel: Wir betrachten die Funktion b) aus dem vorigen Beispiel:
$y = (x + 3)^2 = x^2 + 6x + 9$
Dieselbe Funktionsgleichung hat zwei verschiedene Erscheinungsformen. Die ungewöhnlichere Form $y = (x + 3)^2$ hat den Vorteil, dass die Verschiebung leicht abzulesen ist.

■ Wir können die Normalparabel nun sowohl in Richtung der x-Achse als auch in Richtung der y-Achse verschieben. Indem wir beide Verschiebungen kombinieren, können wir sie an jede gewünschte Stelle des Koordinatensystems verschieben.
Beispiel: Gesucht ist die Funktionsgleichung für den rechts abgebildeten Graphen. Er hat exakt die Form der Normalparabel und den Scheitelpunkt $S(4; -1{,}5)$.
Daher lautet die Funktionsgleichung:
$y = (x - 4)^2 - 1{,}5$
Umgeformt (2. binomische Formel):
$y = x^2 - 8x + 16 - 1{,}5$
$= x^2 - 8x + 14{,}5$

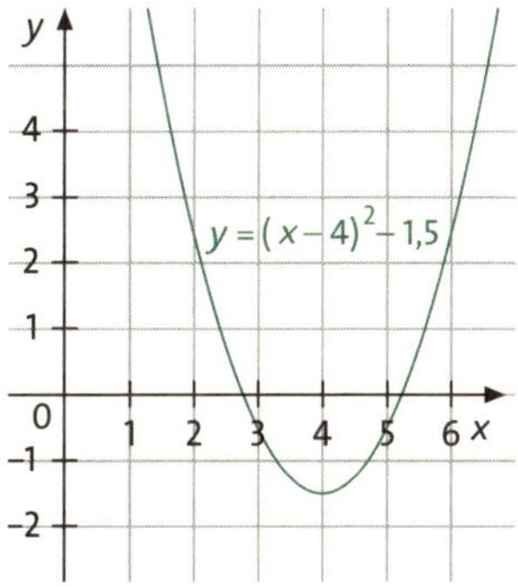

2.2 Stauchen, Strecken und Spiegeln der Normalparabel

■ Die Form des Graphen kann man verändern mit Funktionen der Art $y = ax^2$. Dabei beeinflusst a die Form folgendermaßen:

- $a > 0$: Die Parabel ist nach oben geöffnet.
- $a < 0$: Die Parabel ist nach unten geöffnet.
- $|a| > 1$: Die Parabel verläuft steiler als die Normalparabel.
- $|a| = 1$: Die Parabel ist die Normalparabel bzw. ihr Spiegelbild.
- $|a| < 1$: Die Parabel verläuft flacher als die Normalparabel.

Beispiele:

a) $y = x^2$ und $y = -x^2$
(Hier ist $|a| = 1$.)

b) $y = 5x^2$ und $y = -5x^2$
(Hier ist $|a| = 5 > 1$.)

c) $y = \frac{1}{4}x^2$ und $y = -\frac{1}{4}x^2$

(Hier ist $|a| = \frac{1}{4} < 1$.)

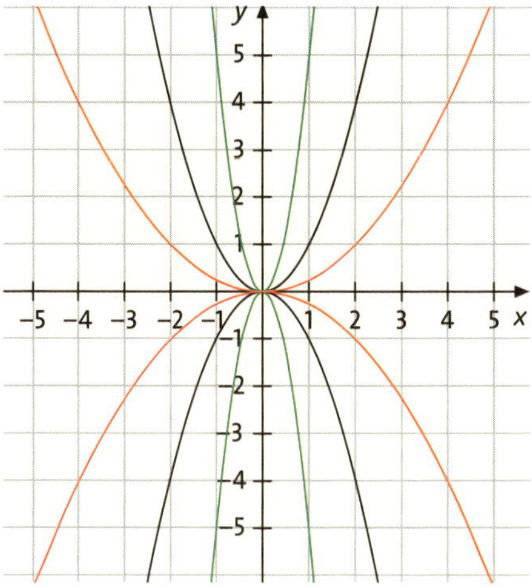

■ Das Verschieben und Verformen der Parabeln kann man kombinieren.

Beispiel: Gesucht ist die Funktion, die

- dieselbe Form wie die Funktion $y = -5x^2$ aus obigem Beispiel und
- den Scheitelpunkt $S(3; 1)$ hat.

$y = a \cdot (x-3)^2 + 1$	Zuerst den Scheitelpunkt berücksichtigen.
$= -5 \cdot (x-3)^2 + 1$	Der Koeffizient zum Bestimmen der Parabelform muss *vor den gesamten Term* $(x-d)^2$. Fertig.
$= -5 \cdot (x^2 - 6x + 9) + 1$	Bei Bedarf die Funktionsgleichung noch
$= -5x^2 + 30x - 44$	in die allgemeine Form bringen.

2.3 Allgemeine Form und Scheitelpunktform

Für die Gleichung einer quadratischen Funktion gibt es zwei gleichberechtigte Formen, die wir bereits kennengelernt haben:

- die **allgemeine Form** $y = ax^2 + bx + c$
- die **Scheitelpunktform** $y = a(x + d)^2 + e$ mit Scheitelpunkt $S(-d; e)$

■ Bestimmen der Scheitelpunkte:

- Die Scheitelpunktform hat den Vorteil, dass man den Scheitelpunkt unmittelbar ablesen kann.
- Meist sind Funktionen allerdings in allgemeiner Form gegeben. Dann kann man den Scheitelpunkt mit folgender Formel berechnen:

> **MERKE Scheitelpunktformel:**
> Eine quadratische Gleichung in allgemeiner Form
> $y = ax^2 + bx + c$ hat den Scheitelpunkt $S\left(-\frac{b}{2a}; c - \frac{b^2}{4a}\right)$.

■ Umwandeln der Funktionsgleichung:

- Eine Funktion, die in Scheitelpunktform gegeben ist, kann man durch Ausmultiplizieren und Zusammenfassen in die allgemeine Form umformen – so, wie wir es im vorigen Abschnitt bereits gemacht haben.
- Das Umwandeln einer Funktion, die in allgemeiner Form gegeben ist, in die Scheitelpunktform ist etwas aufwändiger. Man kann das Umwandeln abkürzen, wenn man die obige Scheitelpunktformel verwendet.

Beispiel:

$y = -0{,}5x^2 + x + 4{,}5$ soll in die Scheitelpunktform gebracht werden.

$$-\frac{b}{2a} = -\frac{1}{2 \cdot (-0{,}5)} = -\frac{1}{-1} = 1$$

$$c - \frac{b^2}{4a} = 4{,}5 - \frac{1^2}{4 \cdot (-0{,}5)}$$

$$= 4{,}5 - \frac{1}{-2} = 5$$

$S(1; 5)$

1. Schritt: Mit der Scheitelpunktformel bestimme ich den Scheitelpunkt $S\left(-\frac{b}{2a}; c - \frac{b^2}{4a}\right)$.

$y = -0{,}5 \cdot (x + d)^2 + e$
mit $-d = 1$ und $e = 5$
$y = -0{,}5 \cdot (x - 1)^2 + 5$

2. Schritt: Den Scheitelpunkt $S(-d; e) = S(1; 5)$ habe ich im 1. Schritt berechnet. Jetzt kann ich $-d$ und e einfach einsetzen.

Zur **Probe** wandle ich die Scheitelpunktform in die allgemeine Form zurück.

$y = -0{,}5 \cdot (x - 1)^2 + 5 = -0{,}5 \cdot (x^2 - 2x + 1) + 5$
$= -0{,}5x^2 + x - 0{,}5 + 5 = -0{,}5x^2 + x + 4{,}5$

Zum Abschluss noch eine Wertetabelle und der Funktionsgraph zu der Funktion aus dem Beispiel:

x	−3	−2	−1	0	1	2	3	4	5
$y = -0{,}5\,(x-1)^2 + 5$	−3	0,5	3	4,5	5	4,5	3	0,5	−3

Die Parabel ist wegen $a < 0$ nach unten geöffnet und wegen $|a| < 1$ flacher als die Normalparabel.

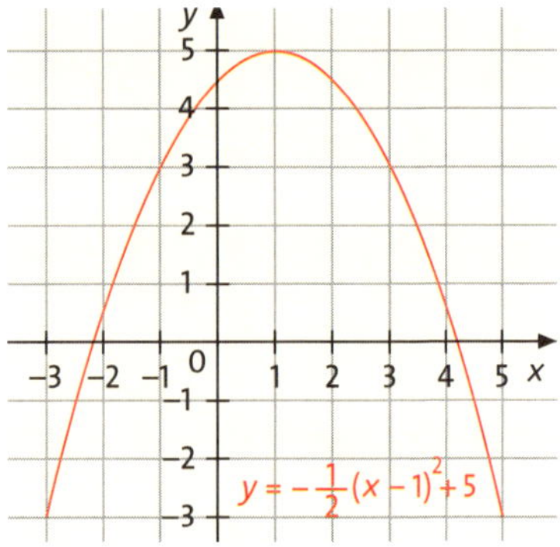

3 Nullstellen einer quadratischen Funktion

Nullstellen einer Funktion sind die Punkte, wo der Graph die x-Achse schneidet. Der y-Wert dieser Punkte ist $y = 0$ (deswegen heißen sie Nullstellen). Bei einer quadratischen Funktion gibt es drei Möglichkeiten:

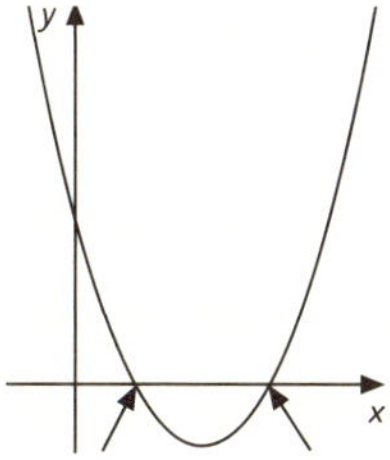

zwei Nullstellen

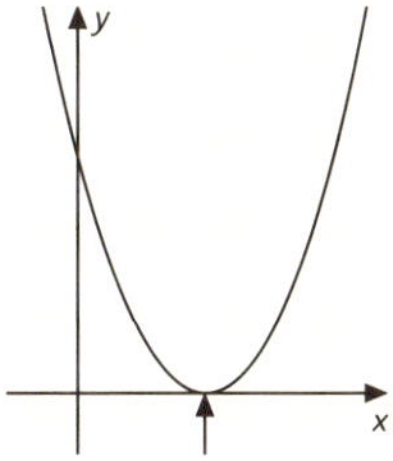

eine Nullstelle

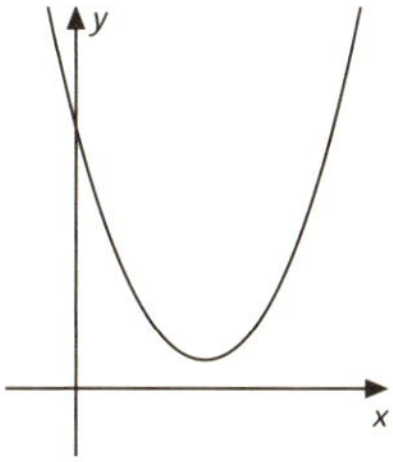

keine Nullstelle

■ Berechnen der Nullstellen:

Berechnen müssen wir nur die x-Koordinate der Nullstellen, denn die y-Koordinate jeder Nullstelle ist null. Wir können $y = 0$ setzen, die quadratische Gleichung lösen und erhalten so die x-Werte der Nullstelle.

Beispiel:

$y = x^2 - 5x + 6$	$y = 0$ setzen.
$0 = x^2 - 5x + 6$	Dies ist eine quadratische Gleichung, die ich
$x_1 = 2$ und $x_2 = 3$	mit der Lösungsformel löse (S. 42).

Die Nullstellen dieser Funktion liegen bei $x = 2$ und bei $x = 3$.

Rechnen mit Potenzen

1 Natürliche Zahlen als Exponenten

Du hast Potenzen kennengelernt als eine abgekürzte Schreibweise für Produkte mit gleichen Faktoren.

Beispiel: $2^4 = 2 \cdot 2 \cdot 2 \cdot 2 = 16$

2^4 ist eine Potenz. Sie hat die **Basis** 2 (Grundzahl 2) und den **Exponenten** 4 (Hochzahl 4).
Der Exponent 4 gibt an, dass die Basis 4-mal als Faktor genommen wird.
Man sagt: Die Zahl 2 wird mit 4 potenziert.

▶ **BEACHTE** die Vorzeichenregel:
Wenn die Basis der Potenz eine negative Zahl ist, dann ist der Potenzwert

- negativ, wenn der Exponent eine *ungerade* Zahl ist.

Beispiel: $(-3)^3 = (-3) \cdot (-3) \cdot (-3) = -27$

- positiv, wenn der Exponent eine *gerade* Zahl ist.

Beispiel: $(-3)^4 = (-3) \cdot (-3) \cdot (-3) \cdot (-3) = +81$

Wenn die Basis eine positive Zahl ist, dann ist auch der Potenzwert positiv.

■ Potenzen von Brüchen müssen mit einer Klammer geschrieben werden.

Beispiel:

$$\left(\frac{2}{5}\right)^4 = \frac{2}{5} \cdot \frac{2}{5} \cdot \frac{2}{5} \cdot \frac{2}{5} = \frac{16}{625}$$

Da der Bruch in der Klammer steht, gilt der Exponent 4 für den ganzen Bruch.

Dagegen:

$$\frac{2^4}{5} = \frac{2 \cdot 2 \cdot 2 \cdot 2}{5} = \frac{16}{5}$$

Es steht keine Klammer. Der Exponent 4 steht *nur im Zähler,* also wird *nur der Zähler* potenziert.

■ Der Taschenrechner hat eine Taste zum Berechnen von Potenzen. Wie die Taste aussieht, hängt vom Modell ab, meist [x^y] oder [^].

Beispiel:

a) $2^{10} = ?$ Eintippen: 2 [x^y] 10 [=] Anzeige: 1024

b) $(-2)^7 = ?$ Eintippen: 2 [+/−] [x^y] 7 [=] Anzeige: −128

oder Eintippen: [(] [−] 2 [)] [x^y] 7 [=] Anzeige: −128

2 Ganze Zahlen als Exponenten

Es gibt auch Potenzen mit negativen Exponenten und mit Exponent Null.
Für ganze Zahlen n gelten folgende Definitionen:

MERKE
- $a^{-n} = \frac{1}{a^n}$ für alle ganzen Zahlen n.
- $a^0 = 1$

▶ **BEACHTE** 0^0 gibt es nicht.

■ Mithilfe der Festlegung $a^{-n} = \frac{1}{a^n}$ kannst du Potenzen mit negativen Exponenten so umformen, dass alle Exponenten positiv sind.
Dann kannst du den Term auf die bekannte Weise ausrechnen.

Beispiele:

a) $2^{-4} = \frac{1}{2^{+4}} = \frac{1}{2 \cdot 2 \cdot 2 \cdot 2} = \frac{1}{16}$

b) $0{,}5^{-2} = \frac{1}{0{,}5^{+2}} = \frac{1}{0{,}5 \cdot 0{,}5} = \frac{1}{0{,}25} = 4$

c) $\left(\frac{1}{4}\right)^{-3} = \frac{1}{\left(\frac{1}{4}\right)^{+3}} = \frac{1}{\frac{1}{4} \cdot \frac{1}{4} \cdot \frac{1}{4}} = \frac{1}{\frac{1}{64}} = 64$

■ Bei den meisten Taschenrechnern musst du so eingeben:

Beispiel:

2^{-3} Eintippen: 2 [xʸ] [(] [−] 3 [)] [=] Anzeige: 0,125
oder auch: 2 [xʸ] 3 [+/−] [=] Anzeige: 0,125

2.1 Sehr große und sehr kleine Zahlen

Sehr große und sehr kleine Zahlen kann man mit Zehnerpotenzen übersichtlich darstellen.

Beispiele:

a) Lichtgeschwindigkeit $c \approx 300\,000\,000\ \text{m/s} = 3 \cdot 10^{8}\ \text{m/s}$

b) Masse m eines ruhenden Elektrons:

$m \approx 0{,}00000000000000000000000000000091095\ \text{kg}$
$= 9{,}1095 \cdot 10^{-31}\ \text{kg}$

Wenn du wissen willst, welche Zahl sich hinter einer Zehnerpotenz verbirgt, benötigst du folgende Regel:

- Bei positivem Exponenten rückt das Komma nach rechts.
- Bei negativem Exponenten rückt das Komma nach links.

Beispiele:

a) $2{,}445 \cdot 10^{+4} = 24\,450$ — Das Komma rückt 4 Stellen nach *rechts,* weil der Exponent positiv ist.

b) $7{,}8361 \cdot 10^{-2} = 0{,}078\,361$ — Das Komma rückt 2 Stellen nach *links,* weil der Exponent negativ ist.

Diese Schreibweise mit Zehnerpotenz heißt **Gleitkommadarstellung**.
Dabei wird das Komma so weit verschoben, bis genau eine Ziffer vor dem Komma steht.
Dafür hat der Taschenrechner eine eigene Taste, die Exponententaste.
Sie sieht meistens so aus: [EE] oder [EEX] oder [EXP].

Beispiele:

a) $7{,}18 \cdot 10^{21}$ Eintippen: 7,18 [EXP] 21 [=] Anzeige: 7.18^{21}

b) $31\,430 \cdot 10^{-15}$ Eintippen: 31 430 [EXP] [(] [−] 15 [)] [=] Anzeige: 3.143^{-11}

▶ **BEACHTE** Die Anzeige des Taschenrechners 2.7^{3} bedeutet $2{,}7 \cdot 10^{3}$ (sie bedeutet *nicht* $2{,}7^{3}$)! Das sind verschiedene Zahlen:
$2{,}7 \cdot 10^{3} = 2\,700$; dagegen $2{,}7^{3} = 19{,}683$.

3 Rationale und reelle Zahlen als Exponenten

3.1 Rationale Zahlen als Exponenten

Auch Potenzen mit rationalen Exponenten sind definiert. Es gilt:

MERKE
$a^{\frac{1}{n}} = \sqrt[n]{a}$
$a^{\frac{m}{n}} = \sqrt[n]{a^m}$ mit $a \geq 0$ und $n; m \in \mathbb{Z}$.

▶ **BEACHTE** Da hier Wurzeln gezogen werden, ist für Ausdrücke der Art $a^{\frac{m}{n}}$ und $\sqrt[n]{a^m}$ wieder Bedingung, dass $a \geq 0$.

$\sqrt[n]{a^m}$ spricht man: „n-te Wurzel aus a hoch m".
Die zweite Wurzel ist die bereits bekannte Quadratwurzel, also: $\sqrt[2]{a} = \sqrt{a}$.
Bei $\sqrt[n]{a^m}$ und bei $\sqrt[n]{a}$ heißt die Zahl n Wurzelexponent.

■ Die Festlegung $a^{\frac{m}{n}} = \sqrt[n]{a^m}$ nutzen wir für das Umwandeln der Potenzschreibweise in die Wurzelschreibweise.

Beispiele:

a) $4{,}1^{\frac{5}{3}} = \sqrt[3]{4{,}1^5}$

b) $21{,}3^{\frac{-7}{2}} = \sqrt[2]{21{,}3^{-7}} = \sqrt[2]{\frac{1}{21{,}3^7}}$

▶ Der Zähler des Exponenten bleibt bei der Basis.
▶ Der Nenner des Exponenten ist der Wurzelexponent und wird auf die Wurzel geschrieben.

■ Natürlich kann man auch Potenzen, deren Exponenten rationale Zahlen sind, mit dem Taschenrechner berechnen.

Beispiel:

a) Wenn dein Taschenrechner eine Bruch-Taste hat, dann geht das ganz bequem. Oft sieht die Bruchtaste so aus: [a b/c].
$5{,}7^{\frac{4}{7}}$ Eintippen: 5,7 [x^y] 4 [a b/c] 7 [=] Anzeige: 2.703 51…

b) Ohne Bruch-Taste muss man den Bruch im Exponenten in Klammern setzen:
$5{,}7^{\frac{4}{7}} = 5{,}7^{\left(\frac{4}{7}\right)}$ Eintippen: 5,7 [x^y] [(] 4 [÷] 7 [)] [=] Anzeige: 2.703 51…

Also ist $5{,}7^{\frac{4}{7}} \approx 2{,}7035$ (auf 4 Nachkommastellen gerundet).

3.2 Wurzelziehen und Potenzieren

Das Wurzelziehen ist die Umkehrung des Potenzierens. Das bedeutet: Wenn man aus der *n*-ten Potenz der Zahl *a* die *n*-te Wurzel zieht, dann ist das Ergebnis wieder *a*.

Kurzform: $\sqrt[n]{a^n} = a$ und $\left(\sqrt[n]{a}\right)^n = a$.

Beispiele:

a) Bei diesen Beispielen braucht man gar nicht zu rechnen:

$\sqrt[\frac{1}{2}]{17{,}3^{\frac{1}{2}}} = 17{,}3;$ $\qquad \left(\sqrt[19]{0{,}7}\right)^{19} = 0{,}7$

b) Hier benutze ich die Umkehrung zum Umformen:

$\sqrt[3]{8} = \sqrt[3]{2^3} = 2;$ $\qquad \sqrt[2]{25} = \sqrt[2]{5^2} = 5;$

$\sqrt[6]{1\,000\,000} = \sqrt[6]{10^6} = 10;$ $\qquad \sqrt[2]{0{,}01} = \sqrt[2]{0{,}1^2} = 0{,}1$

c) Genauso formt man auch entsprechende Gleichungen um:

$x^3 = 1\,000 \qquad | \sqrt[3]{}$

$x = \sqrt[3]{1\,000} = 10$

3.3 Reelle Zahlen als Exponenten

Auch Potenzen mit irrationalen Exponenten sind definiert.

Beispiel: $3^{\sqrt{2}}$

Du kannst die Potenz mit dem Taschenrechner berechnen:

$3^{\sqrt{2}}$ Eintippen: 3 [xʸ] 2 [√] [=] Anzeige: 4,728 804…

$3^{\sqrt{2}} \approx 4{,}7288$ (auf 4 Nachkommastellen gerundet)

Somit sind Potenzen für alle reellen Exponenten definiert.

4 Rechengesetze für Potenzen und Wurzeln

▶ **BEACHTE** Bei den Rechengesetzen muss man wieder beachten, dass man aus negativen Zahlen keine Wurzel ziehen kann. Deswegen gilt: Wenn der Exponent eine Bruchzahl ist, dann darf die Basis nicht negativ sein.

Potenzgesetz	Wortlaut	Beispiel
$a^m \cdot a^n = a^{m+n}$	Potenzen *mit gleicher Basis* werden multipliziert, indem man die Basis beibehält und die Exponenten addiert.	$7^2 \cdot 7^3 = 7^{2+3} = 7^5$
$a^m : a^n = a^{m-n}$ bzw. $\frac{a^m}{a^n} = a^{m-n}$	Potenzen *mit gleicher Basis* werden dividiert, indem man die Basis beibehält und die Exponenten subtrahiert.	$6^5 : 6^3 = 6^{5-3} = 6^2$
$a^n \cdot b^n = (a \cdot b)^n$	Potenzen *mit gleichen Exponenten* werden multipliziert, indem man das Produkt der Basen bildet und den Exponenten beibehält.	$4^2 \cdot 3^2 = (4 \cdot 3)^2 = 12^2$
$a^n : b^n = (a : b)^n$ bzw. $\frac{a^n}{b^n} = \left(\frac{a}{b}\right)^n$	Potenzen *mit gleichem Exponenten* werden dividiert, indem man die Basen dividiert und den Exponenten beibehält.	$15^3 : 5^3 = (15 : 5)^3 = 3^3$
$(a^m)^n = a^{m \cdot n}$ $(a^m)^n = (a^n)^m$	Potenzen werden potenziert, indem man die Basis beibehält und die Exponenten multipliziert. Deshalb gilt das Vertauschungsgesetz auch für das Potenzieren.	$(3^4)^2 = 3^{4 \cdot 2} = 3^8$ $(3^4)^2 = (3^2)^4$

Aus den Potenzgesetzen ergeben sich folgende Wurzelgesetze.
Für die Radikanden a und b gilt dabei wie immer: $a \geq 0$ und $b \geq 0$.

Wurzelgesetz	Wortlaut	Beispiel
$\sqrt[n]{a} \cdot \sqrt[n]{b}$ $= \sqrt[n]{a \cdot b}$	Wurzeln *mit gleichem Wurzelexponenten n* werden multipliziert, indem man das Produkt der Radikanden bildet und den Wurzelexponenten beibehält.	$\sqrt[3]{4} \cdot \sqrt[3]{2} = \sqrt[3]{4 \cdot 2}$ $= \sqrt[3]{8} = 2$
$\sqrt[n]{a} : \sqrt[n]{b}$ $= \sqrt[n]{a : b}$ bzw. $\frac{\sqrt[n]{a}}{\sqrt[n]{b}} = \sqrt[n]{\frac{a}{b}}$	Wurzeln *mit gleichem Wurzelexponenten n* werden dividiert, indem man die Radikanden dividiert und den Wurzelexponenten beibehält.	$\sqrt[4]{6} : \sqrt[4]{3}$ $= \sqrt[4]{6 : 3} = \sqrt[4]{2}$ $\frac{\sqrt[3]{6}}{\sqrt[3]{3}} = \sqrt[3]{\frac{6}{3}} = \sqrt[3]{2}$
$\sqrt[m]{\sqrt[n]{a}} = \sqrt[m \cdot n]{a}$	Aus einer Wurzel wird eine Wurzel gezogen, indem man den Radikanden b beibehält und die Wurzelexponenten multipliziert.	$\sqrt[2]{\sqrt[3]{17}} = \sqrt[2 \cdot 3]{17}$ $= \sqrt[6]{17}$
$\sqrt[m]{\sqrt[n]{a}} = \sqrt[n]{\sqrt[m]{a}}$	Deswegen gilt das Vertauschungsgesetz auch für das Wurzelziehen.	$\sqrt[2]{\sqrt[3]{17}} = \sqrt[3]{\sqrt[2]{17}}$

Exponentialfunktionen

1 Eigenschaften und Graphen der Exponentialfunktionen

Beispiel: Nimm an, du hast 1 € und eine gute Fee macht, dass sich dein Kapital jeden Tag verdoppelt. Wie viel Geld hast du nach 2; 3; x Tagen?

Startkapital: 1 €
Nach 1 Tag: 2 €
Nach 2 Tagen: $2 \cdot 2$ € $= 2^2$ € $= 4$ €
Nach 3 Tagen: $2 \cdot 2 \cdot 2$ € $= 2^3$ € $= 8$ €
Nach x Tagen: 2^x €

Dein Kapital von y € nach x Tagen lässt sich durch eine Funktion beschreiben: $y = 2^x$. Da die Variable x im Exponenten steht, spricht man von Exponentialfunktion und exponentiellem Wachstum.

MERKE Eine Funktion $y = a^x$ mit $a > 0$ heißt Exponentialfunktion.

Warum darf a nicht negativ sein? Weil z. B. $-2^{\frac{1}{2}} = \sqrt[2]{-2}$ (eine Wurzel aus einer negativen Zahl) nicht definiert ist.

■ Eigenschaften der Exponentialfunktion $y = a^x$:

- Sie nimmt nur positive Funktionswerte an.
- Alle Graphen haben den gemeinsamen Punkt (0; 1).
- Für $a > 1$ steigt der Graph, für $0 < a < 1$ fällt der Graph.
- Die Graphen von $y = a^x$ und $y = \left(\frac{1}{a}\right)^x$ liegen symmetrisch zur y-Achse.
- Alle Graphen nähern sich (nach links oder rechts) der x-Achse an.

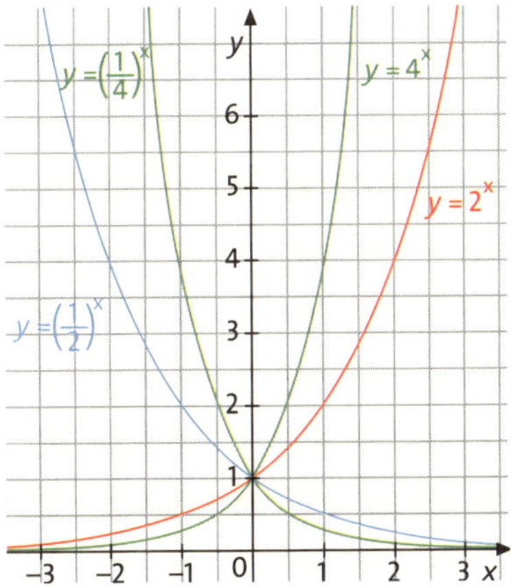

Der Graph heißt Exponentialkurve.

2 Exponentielle Wachstums- und Abklingvorgänge

Das Beispiel des vorigen Abschnitts mit der Geldvermehrung war bereits ein Fall von exponentiellem Wachstum. Wir verallgemeinern das Beispiel:

Beispiel: Wieder verdoppelt sich dein Kapital jeden Tag. Aber nun soll dein Anfangsbestand nicht 1 €, sondern 100 € betragen.

Startkapital:	100 €
Nach 1 Tag:	$2 \cdot 100\,€ = 100\,€ \cdot 2^1 = 200\,€$
Nach 2 Tagen:	$2 \cdot 2 \cdot 100\,€ = 100\,€ \cdot 2^2 = 400\,€$
Nach 3 Tagen:	$2 \cdot 2 \cdot 2 \cdot 100\,€ = 100\,€ \cdot 2^3 = 800\,€$
Nach x Tagen:	$= 100\,€ \cdot 2^x$

Für das Kapital von y € nach x Tagen ergibt sich jetzt die Funktion $y = 100 \cdot 2^x$. Dabei ist 100 der Anfangsbestand (bei $x = 0$) und 2 ist der Wachstumsfaktor.

MERKE Auch die Funktion $y = b \cdot a^x$ heißt Exponentialfunktion. b ist der Bestand bei $x = 0$.

- Für $a > 1$ liegt ein Wachstumsvorgang vor.
- Für $0 < a < 1$ liegt ein Abklingvorgang (Zerfallsvorgang) vor.

Bei einem Wachstum von 5 % beträgt der Wachstumsfaktor $a = 1{,}05$ (von 100 % auf 105 %).
Bei einem Abklingen um 7 % beträgt der Wachstumsfaktor $a = 0{,}93$ (von 100 % auf 93 %).

■ Bei einem Abklingvorgang heißt die Zeitspanne, in der ein Bestand auf die Hälfte schrumpft, Halbwertszeit.
Manchmal kennt man den Wachstumsfaktor a eines Abklingvorganges nicht, dafür aber die Halbwertszeit t_H. Dann kann man einen exponentiellen Zerfall auch mit folgender Exponentialfunktion beschreiben:

$y = b \cdot \left(\frac{1}{2}\right)^x$ mit dem Exponenten $x = \frac{t}{t_H}$.

y ist der Bestand zum Zeitpunkt t, t_H ist die Halbwertszeit, b ist der Bestand zum Zeitpunkt $t = 0$.

Beispiel: In allen Lebewesen ist ein geringer Anteil an radioaktivem Kohlenstoff C14 vorhanden, der mit einer Halbwertszeit von 5 730 Jahren zerfällt. Wie viel C14-Atome sind von ursprünglich 10^{20} C14-Atomen nach 1000 Jahren noch vorhanden?

Gegeben: $t_H = 5\,730$ Jahre; $t = 1\,000$ Jahre; $b = 10^{20}$

Gesucht: y (die Anzahl der Atome zum Zeitpunkt t)

Rechnung: $x = \frac{1000 \text{ Jahre}}{5730 \text{ Jahre}} \approx 0{,}174\,5$

Exponentialfunktion: $y = b \cdot \left(\frac{1}{2}\right)^x \approx 10^{20} \cdot \left(\frac{1}{2}\right)^{0{,}1745} \approx 8{,}9 \cdot 10^{19}$

$10^{20} \cdot \left(\frac{1}{2}\right)^{0{,}1745}$ Eintippen (bei den meisten Taschenrechnern):

1 [EXP] 20 [×] 0,5 [x^y] 0,1745 [=] Anzeige: 8.860 …^{19}

Nach 1 000 Jahren sind von ursprünglich 10^{20} C14-Atomen noch rund $8{,}9 \cdot 10^{19}$ vorhanden.

Zentrische Streckung, Strahlensätze, Ähnlichkeit

1 Zentrische Streckung

Bisher wurden die geometrischen Abbildungen *Achsenspiegelung, Drehung* und *Verschiebung* behandelt. Dies sind Kongruenzabbildungen, bei denen Form und Größe der Originalfigur unverändert abgebildet werden.

Eine **zentrische Streckung** ist eine Abbildung, bei der Figuren verkleinert oder vergrößert werden. Gegeben ist immer das **Streckungszentrum** Z und der **Streckungsfaktor** k.

Abbildungsvorschrift für eine zentrische Streckung mit **Streckungszentrum** Z und **Streckungsfaktor** k:

▸ Jeder Punkt P wird abgebildet auf die (gedachte oder hinzugefügte) Gerade ZP.

▸ Und zwar an die Stelle, dass der Bild-Punkt P' vom Streckungszentrum Z folgenden Abstand hat: $\overline{ZP'} = |k| \cdot \overline{ZP}$.

▸ Für $k > 0$ liegen P und P', von Z aus betrachtet, in der gleichen Richtung. Für $k < 0$ liegen P und P', von Z aus betrachtet, in entgegengesetzter Richtung.

Die Abbildungsvorschriften kann man so zusammenfassen: $\overrightarrow{ZP'} = k \cdot \overrightarrow{ZP}$.

Kurzschreibweise: $P \xrightarrow{Z;\,k} P'$

Beispiele:

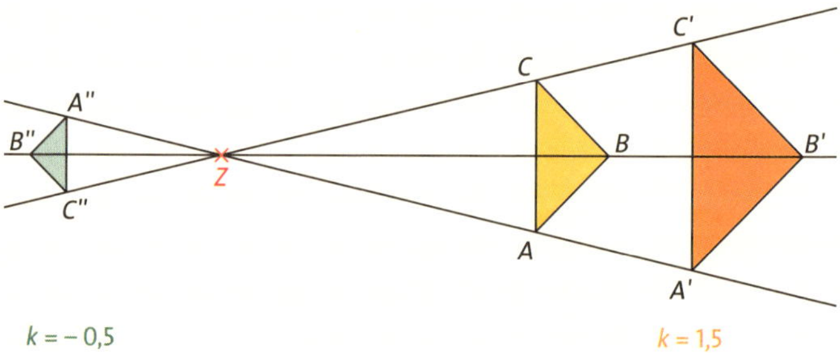

Erläuterung der **Beispiele:**

a) Das Original-Dreieck $\triangle ABC$ wird durch eine zentrische Streckung mit dem Streckungszentrum Z und dem Streckungsfaktor $k = 1{,}5$ auf das Bild-Dreieck $\triangle A'B'C'$ abgebildet.
Kurz: $\triangle ABC \xrightarrow{Z;\, k = 1{,}5} \triangle A'B'C'$

b) $\triangle ABC \xrightarrow{Z;\, k = -0{,}5} \triangle A''B''C''$

Eigenschaften der zentrischen Streckung:

1 Die zentrische Streckung ist eine **geradentreue Abbildung**. Das heißt: Jede Gerade wird auf eine (zu ihr parallele) Bildgerade abgebildet.
2 Die zentrische Streckung ist eine **verhältnistreue (maßstabsgerechte) Abbildung**. Das heißt: Alle Strecken werden mit demselben Faktor k vergrößert bzw. verkleinert.
3 Die zentrische Streckung ist eine **winkeltreue Abbildung**. Jeder Winkel wird auf einen gleich großen Winkel abgebildet.
4 Die zentrische Streckung ist eine **kreistreue Abbildung**. Jeder Kreis wird auf einen Kreis mit $|k|$-fachem Radius abgebildet.
5 Der Flächeninhalt der Bildfigur ist das k^2-fache des Flächeninhaltes der Urfigur.

2 Der Strahlensatz (Vierstreckensatz)

Zwei sich kreuzende Geraden werden von zwei parallelen Geraden geschnitten. Es gibt zwei Möglichkeiten, wie sie sich schneiden.

a) V-Figur:

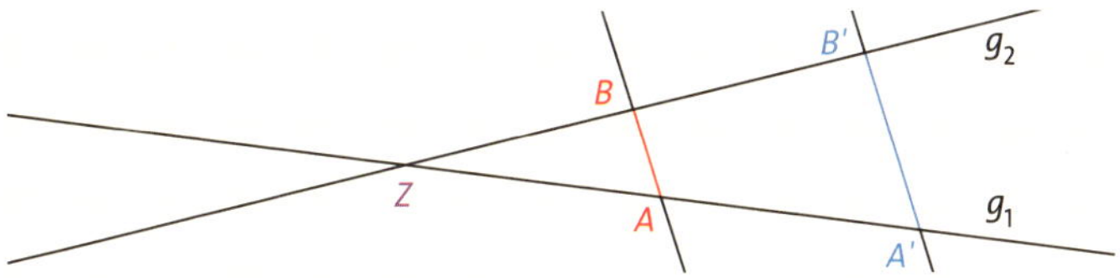

b) X-Figur:

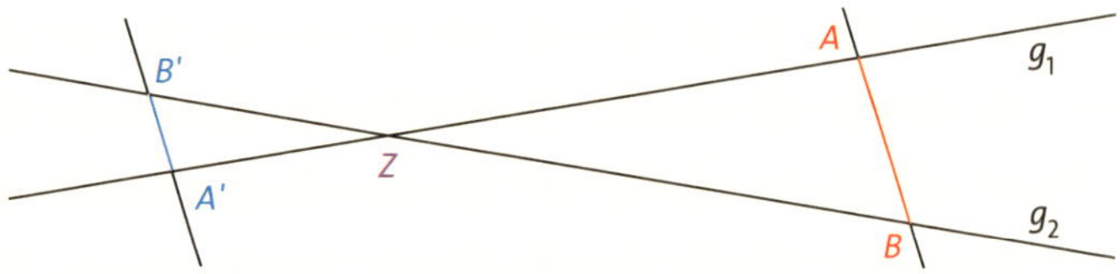

Für beide Figuren gilt der **Strahlensatz**, auch **Vierstreckensatz** genannt:

1 Die Längen zweier Strecken auf der Geraden g_1 verhalten sich zueinander wie die Längen der entsprechenden Strecken auf der Geraden g_2.

$$\frac{\overline{ZA'}}{\overline{ZA}} = \frac{\overline{ZB'}}{\overline{ZB}} \text{ und } \frac{\overline{ZA}}{\overline{AA'}} = \frac{\overline{ZB}}{\overline{BB'}}$$

2 Die Längen der parallelen Strecken verhalten sich so zueinander wie die Abstände ihrer Schnittpunkte zum Streckungszentrum Z.

$$\frac{\overline{A'B'}}{\overline{AB}} = \frac{\overline{ZA'}}{\overline{ZA}}$$

Beispiel:

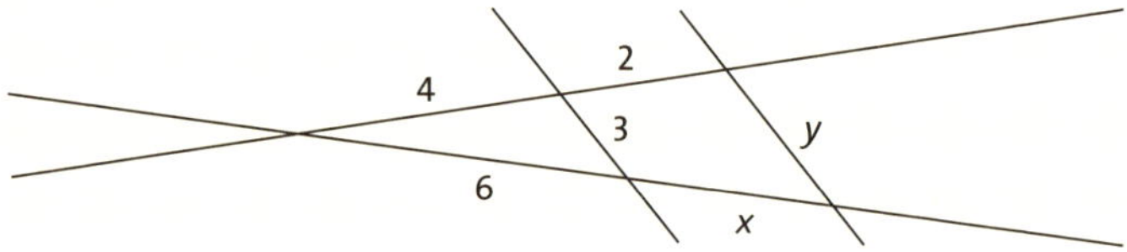

a) $\frac{\overline{ZA'}}{\overline{A'A}} = \frac{\overline{ZB'}}{\overline{B'B}}$ Um x zu ermitteln, wende ich den 1. Strahlensatz an.

$\frac{4}{2} = \frac{6}{x}$

$4x = 12$ Dann Auflösen nach x.

$x = 3$

b) $\frac{\overline{A'B'}}{\overline{AB}} = \frac{\overline{ZA'}}{\overline{ZA}}$ Um y zu ermitteln, wende ich den 2. Strahlensatz an.

$\frac{3}{y} = \frac{4}{4+2}$

$18 = 4y$ Dann Auflösen nach y.

$y = 4{,}5$

3 Ähnlichkeit

Definition: Zwei Figuren F_1 und F_2 heißen ähnlich ($F_1 \sim F_2$), wenn sie sich durch eine zentrische Streckung oder durch die Verknüpfung einer zentrischen Streckung mit einer Kongruenzabbildung (Verschiebung, Drehung, Spiegelung) aufeinander abbilden lassen.
Daraus kann man folgern:

MERKE Figuren sind ähnlich, wenn:
- entsprechende Seiten im gleichen Verhältnis stehen und
- entsprechende Winkel gleich groß sind.

Man kann auch sagen: Ähnliche Figuren haben die gleiche Form.

Beispiel:

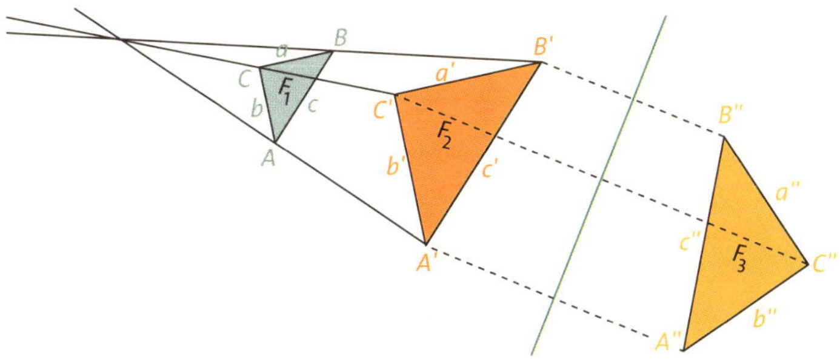

F_1 wird durch eine zentrische Streckung auf F_2 abgebildet. F_2 wird dann mit einer Achsenspiegelung auf F_3 abgebildet.
$F_1 \sim F_2$; $F_2 \sim F_3$ und $F_1 \sim F_3$.
Die drei Figuren haben gleiche Winkel und gleiche Seitenverhältnisse.

3.1 Ähnlichkeitssätze bei Dreiecken

Wie erkennt man ähnliche Dreiecke, muss man dazu *alle* Winkel und *alle* Seitenverhältnisse überprüfen?

Nein, es geht bequemer. Es reicht, *einige* der Merkmale zu überprüfen. Wenn diese übereinstimmen, dann stimmen die anderen Merkmale garantiert auch überein! Welche Merkmale man (mindestens) prüfen muss, um sicherzugehen, das besagen die folgenden Ähnlichkeitssätze.

Zwei Dreiecke ABC und $A'B'C'$ sind ähnlich, wenn sie:

- im Verhältnis der drei Seiten übereinstimmen. Es reicht, zwei Übereinstimmungen festzustellen $\left(\text{z. B.: } \frac{a}{b} = \frac{a'}{b'};\ \frac{b}{c} = \frac{b'}{c'}\right)$.
- in zwei Winkeln übereinstimmen (z. B.: $\alpha = \beta'$; $\gamma = \alpha'$).
- im Verhältnis zweier Seiten und dem eingeschlossenen Winkel übereinstimmen $\left(\text{z. B.: } \frac{a}{b} = \frac{a'}{b'};\ \gamma = \gamma'\right)$.
- im Verhältnis zweier Seiten und dem Gegenwinkel der größeren Seite übereinstimmen $\left(\text{z. B.: } \frac{a}{b} = \frac{b'}{c'} = \frac{3}{2};\ \alpha = \beta'\right)$.

Die Satzgruppe des PYTHAGORAS

1 Sätze am rechtwinkligen Dreieck

Für ein rechtwinkliges Dreieck mit den Katheten *a* und *b* und der Hypotenuse *c* (wie im Bild) gilt:

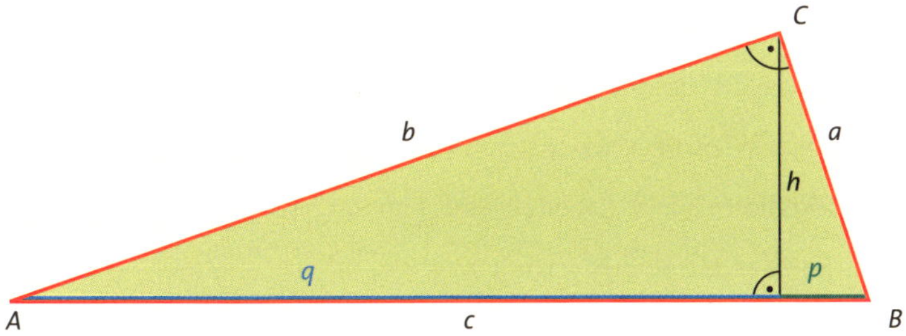

MERKE

Satz des PYTHAGORAS:	$a^2 + b^2 = c^2$
Kathetensatz:	$a^2 = p \cdot c$ und $b^2 = q \cdot c$
Höhensatz:	$h^2 = p \cdot q$
Flächeninhalt:	$A = \frac{1}{2} c \cdot h = \frac{1}{2} a \cdot b$

Beispiel: Von einem rechtwinkligen Dreieck wie oben sind bekannt: $h = 2{,}4$ cm; $p = 1{,}8$ cm.
Gesucht sind: *a, b, c, q*.

- $h^2 = p \cdot q$ | nach *q* auflösen — *q* berechne ich mit dem Höhensatz.
  $q = \frac{h^2}{p} = \frac{(2{,}4\,\text{cm})^2}{1{,}8\,\text{cm}} = 3{,}2\,\text{cm}$
- $c = p + q = 1{,}8\,\text{cm} + 3{,}2\,\text{cm} = 5\,\text{cm}$ — Siehe obige Abbildung!
- $a^2 = p \cdot c$ — *a* berechne ich mit dem Kathetensatz.
  $a = \sqrt{p \cdot c} = \sqrt{1{,}8\,\text{cm} \cdot 5\,\text{cm}} = 3\,\text{cm}$
- $a^2 + b^2 = c^2$ | nach *b* auflösen — *b* berechne ich mit dem Satz des PYTHAGORAS.
  $b = \sqrt{c^2 - a^2} = \sqrt{(5\,\text{cm})^2 - (3\,\text{cm})^2} = 4\,\text{cm}$

2 Anwendungen

2.1 Diagonalen

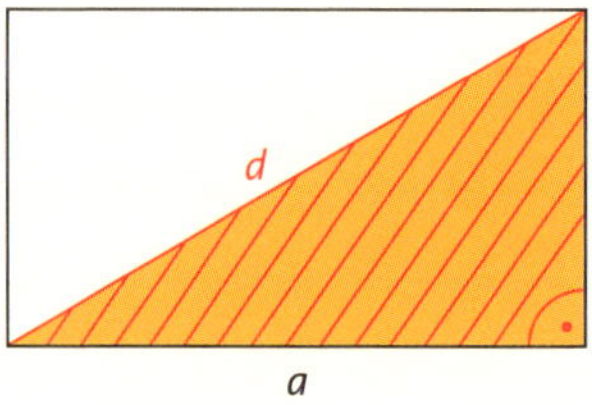

PYTHAGORAS: $d^2 = a^2 + b^2$

▸ Die Diagonale eines Rechtecks der Seitenlängen a und b hat die Länge $d = \sqrt{a^2 + b^2}$.

▸ Ein Quadrat ist ein Rechteck mit $b = a$. Für die Quadratdiagonale gilt: $d^2 = a^2 + a^2 \Rightarrow d = a\sqrt{2}$.

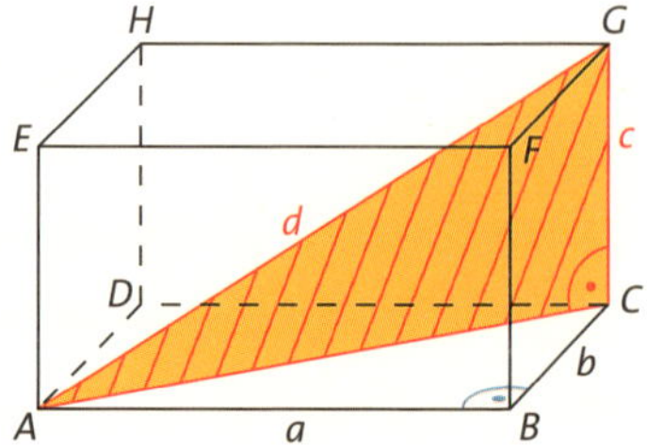

PYTHAGORAS: $d^2 = \overline{AC}^2 + c^2$ und $\overline{AC}^2 = a^2 + b^2$

▸ Die Raumdiagonale eines Quaders der Kantenlängen a, b, c hat die Länge $d = \sqrt{a^2 + b^2 + c^2}$.

▸ Ein Würfel ist ein Quader mit $c = b = a$. Für die Würfeldiagonale gilt: $d^2 = a^2 + a^2 + a^2 \Rightarrow d = a\sqrt{3}$.

2.2 Höhe eines gleichschenkligen Dreiecks

Ein gleichschenkliges Dreieck mit den Schenkeln s und der Grundseite g: Die Höhe h_g halbiert das Dreieck. Diese Hälfte ist ein rechtwinkliges Dreieck. Berechnung der Höhe h_g:

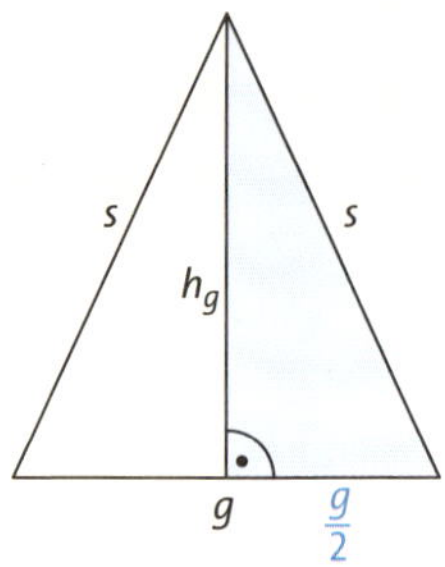

$s^2 = h_g^2 + \left(\frac{g}{2}\right)^2$ PYTHAGORAS anwenden.

$h_g^2 = s^2 - \left(\frac{g}{2}\right)^2$ Nach h_g auflösen.

$$h_g = \sqrt{s^2 - \left(\frac{g}{2}\right)^2}$$

■ Ein gleichseitiges Dreieck ist ein spezielles gleichschenkliges Dreieck, bei dem nun alle drei Seiten die gleiche Länge a haben. Es gilt:

$$h_g = \sqrt{a^2 - \left(\frac{a}{2}\right)^2} = \sqrt{a^2 - \frac{a^2}{4}} = \sqrt{\frac{3}{4}a^2} = \frac{a}{2}\sqrt{3}.$$

2.3 Höhe einer quadratischen Pyramide

Die Grundkantenlänge g und die Seitenlänge s sind gegeben.
Gesucht ist die Höhe h.

PYTHAGORAS: $s^2 = h^2 + \left(\frac{1}{2}\,\overline{AC}\right)^2 = h^2 + \frac{1}{4}\,\overline{AC}^{\,2}$

Auch $\overline{AC}^{\,2}$ kann mit PYTHAGORAS berechnet werden: $\overline{AC}^{\,2} = g^2 + g^2 = 2g^2$

Einsetzen: $s^2 = h^2 + \frac{1}{2}\,g^2$

Umformen: $h^2 = s^2 - \frac{1}{2}\,g^2$

$$h = \sqrt{s^2 - \frac{1}{2}g^2}\,.$$

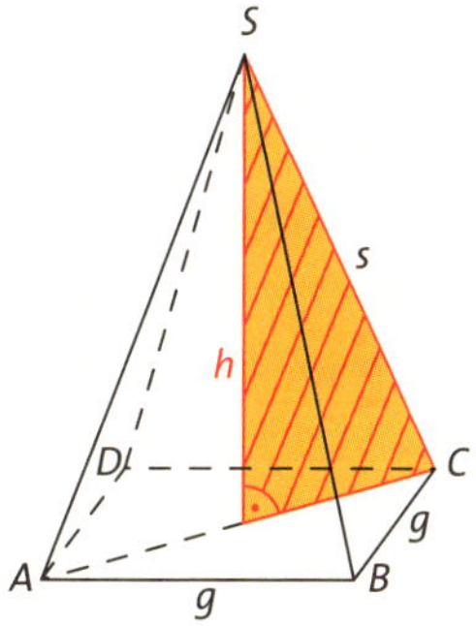

2.4 Abstand zweier Punkte im Koordinatensystem

Gesucht ist der Abstand d der Punkte $A\,(x_1; y_1)$ und $B\,(x_2; y_2)$.

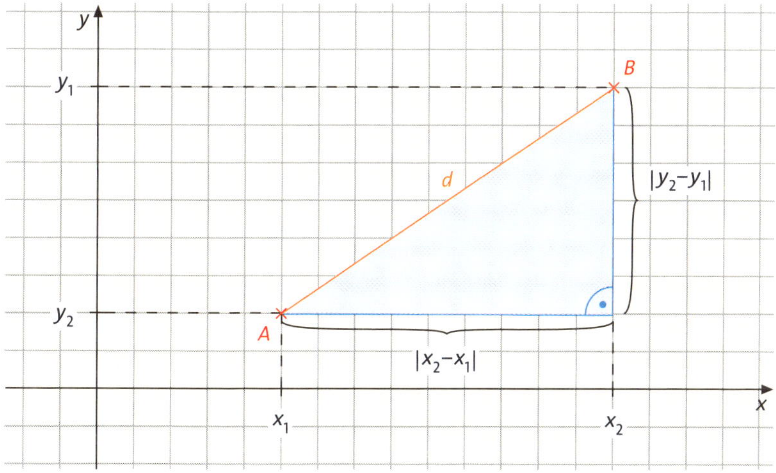

Man erhält: $d = \overline{AB} = \sqrt{(x_2 - x_1)^2 + (y_2 - y_1)^2}\,.$

Der Kreis

1 Umfang und Flächeninhalt

Bezeichnungen:
r = Radius
d = Durchmesser = $2r$
u = Umfang

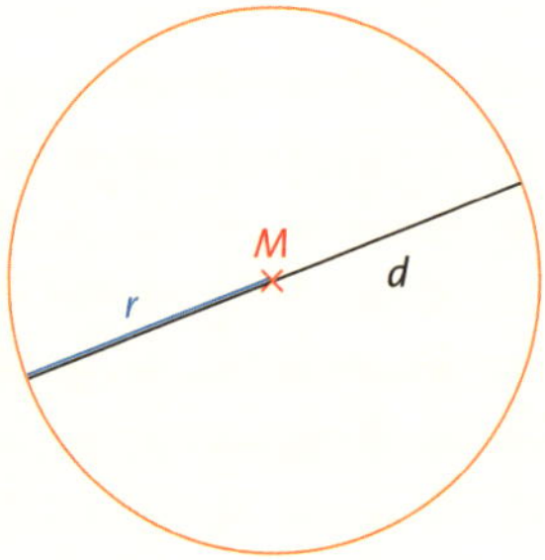

Das Verhältnis von Umfang u zu Durchmesser d ist bei allen Kreisen gleich. Dieses Verhältnis $\frac{u}{d} = \pi$ heißt **Kreiszahl** π (sprich: pi).

π ist eine irrationale Zahl mit unendlich vielen Nachkommastellen. Taschenrechner haben eine eigene Taste oder (je nach Modell) eine SHIFT-Funktion für die Zahl π. Probiere sie aus, du erhältst: 3,141 592 65 …
Mit der Zahl π kann man den Umfang eines Kreises berechnen, wenn man seinen Radius r kennt:

> **MERKE** Kreisumfang $u = 2\pi r$

Beispiel: Welchen Umfang hat ein Kreis mit dem Radius 50 cm?
$u = 2\pi r = 2 \cdot \pi \cdot 50\,\text{cm} = 100\pi\,\text{cm} \approx 314\,\text{cm}$
100π cm ist die mathematisch exakte Antwort.
314 cm ist ein Näherungswert für praktische Zwecke.

Für den Flächeninhalt A_K eines Kreises mit Radius r gilt:

MERKE Kreisfläche $A_K = \pi r^2$

Beispiel: Welchen Flächeninhalt hat ein Kreis mit dem Radius 5 cm?
$A_K = \pi r^2 = \pi \cdot (5\,\text{cm})^2 = 25\pi\,\text{cm}^2 \approx 78{,}5\,\text{cm}^2$.

2 Kreissektor und Kreissegment

■ Ein Kreissektor ist ein Bruchteil eines Kreises. Bezeichnungen sind: Mittelpunktswinkel α, Sektorfläche A_S, Bogenlänge b. Der Anteil am ganzen Kreis beträgt $\frac{\alpha}{360°}$:

Sektorfläche $A_S = \frac{\alpha}{360°} \cdot A_{\text{Kreis}} = \frac{\alpha}{360°} \cdot \pi r^2$

Bogenlänge $b = \frac{\alpha}{360°} \cdot u_{\text{Kreis}} = \frac{\alpha}{360°} \cdot 2\pi r$

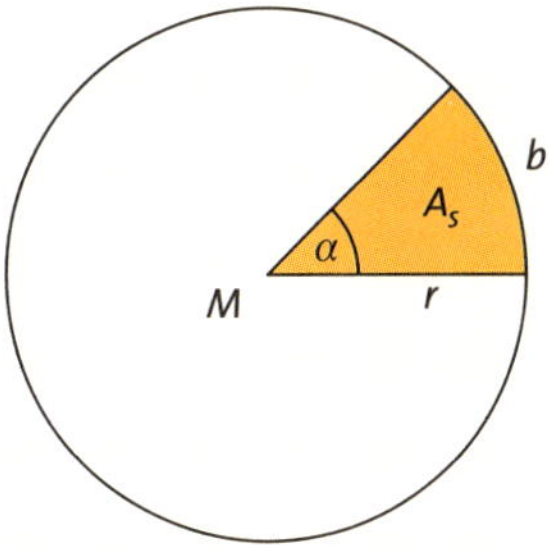

Beispiel: Ein Kreissektor mit Radius 5 cm und Mittelpunktswinkel 60°:

$$A_S = \frac{60°}{360°} \cdot \pi \cdot (5\,\text{cm})^2 = \frac{1}{6} \cdot \pi \cdot 25\,\text{cm}^2 = \frac{25}{6}\,\pi\,\text{cm}^2 \approx 13{,}1\,\text{cm}^2$$

$$b = \frac{60°}{360°} \cdot 2\pi \cdot 5\,\text{cm} = \frac{1}{6} \cdot 2\pi \cdot 5\,\text{cm} = \frac{5}{3}\,\pi\,\text{cm} \approx 5{,}2\,\text{cm}$$

▶ **BEACHTE** Man kann die Formeln auch „andersherum“ anwenden, um den Mittelpunktswinkel herauszubekommen.

■ Ein Kreissektor lässt sich in ein Kreissegment und ein Dreieck zerlegen. Der Flächeninhalt des Segments ist deshalb:

Kreissegment $A_{SG} = A_S - A_\triangle$

$$= \frac{\alpha}{360°}\pi r^2 - \frac{1}{2}sh$$

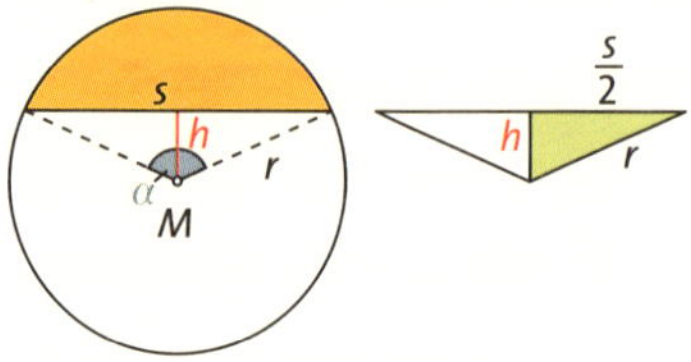

Beispiel: Für ein Kreissegment mit Radius r und $\alpha = 90°$ gilt:

$$A_{SG} = A_S - A_\triangle = \frac{1}{4}\pi r^2 - \frac{1}{2}r^2$$

$$= \frac{1}{4}r^2(\pi - 2).$$

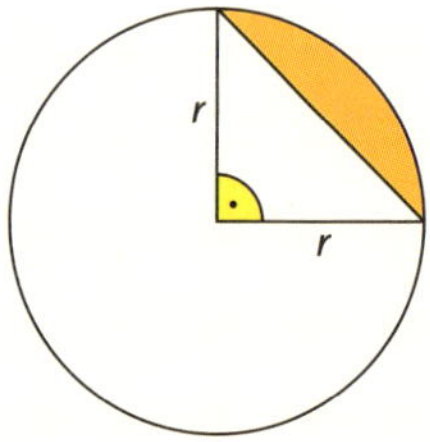

1 Die Pyramide

Eine Pyramide ist bestimmt durch eine Spitze und eine Grundfläche, die ein ebenes Vieleck ist.
Eine n-seitige Pyramide entsteht, wenn die Kanten der n-eckigen Grundfläche mit der Spitze S verbunden werden. Dabei entstehen n dreieckige Seitenflächen.
Rechts die wichtigsten Bezeichnungen anhand einer 4-seitigen Pyramide.

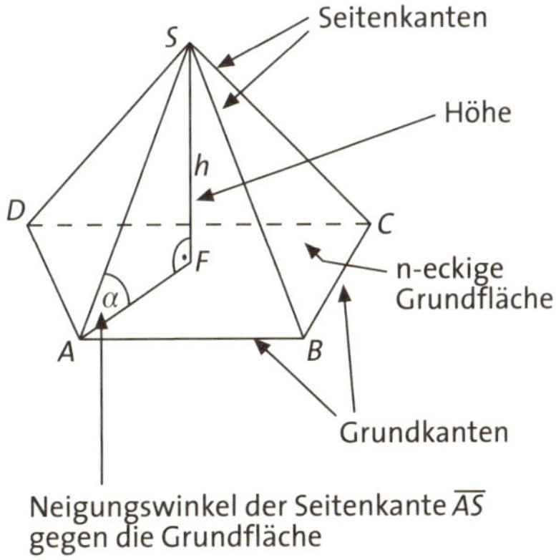

■ **Sonderfälle:**

Gerade Pyramide:

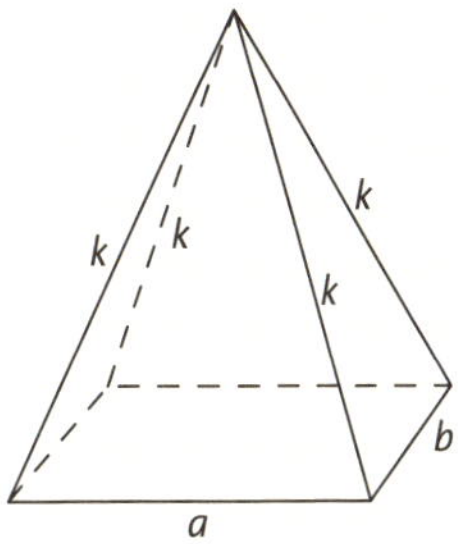

Eine Pyramide heißt *gerade*, wenn alle Seitenkanten gleich lang sind. (Ihre Grundkanten können unterschiedlich lang sein.)

Reguläres Tetraeder:

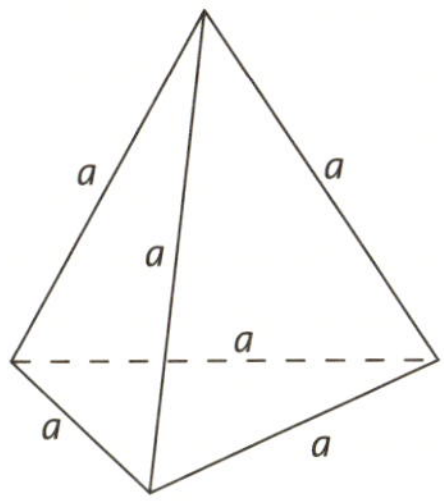

Eine dreiseitige Pyramide, bei der alle Kanten (sowohl Seiten- als auch Grundkanten) gleich lang sind, heißt reguläres Tetraeder.

Reguläres Oktaeder:

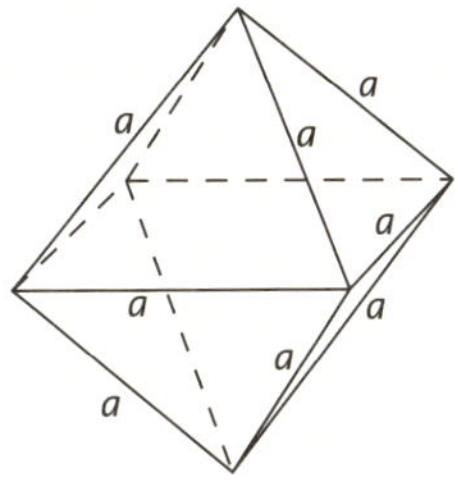

Eine vierseitige Doppelpyramide mit lauter gleich langen Kanten heißt reguläres Oktaeder.

Rechts das Netz einer geraden Pyramide. Man erkennt die n-eckige (in diesem Fall 4-eckige) Grundfläche und die 4 dreieckigen Seitenflächen.

Die Summe der Flächeninhalte der seitlichen Dreiecke wird Mantelfläche M genannt.

MERKE **Volumen- und Oberflächenformel für eine Pyramide mit Höhe h, Grundflächeninhalt G und Mantelfläche M:**
- **Volumen $V = \frac{1}{3} G \cdot h$**
- **Oberfläche $O = G + M$**

Beispiel: Eine gerade quadratische Pyramide mit Grundkante $a = 10\,\text{cm}$ und Höhe $h = 12\,\text{cm}$.

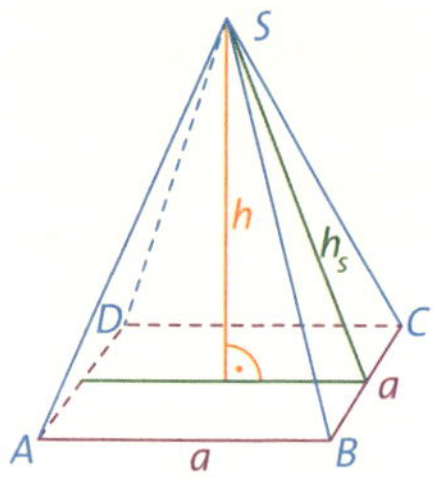

- Das Volumen ist leicht zu berechnen:

$G = a^2 = 10\,\text{cm} \cdot 10\,\text{cm} = 100\,\text{cm}^2$

$V = \frac{1}{3} G \cdot h = \frac{1}{3} \cdot 100\,\text{cm}^2 \cdot 12\,\text{cm} = 400\,\text{cm}^3.$

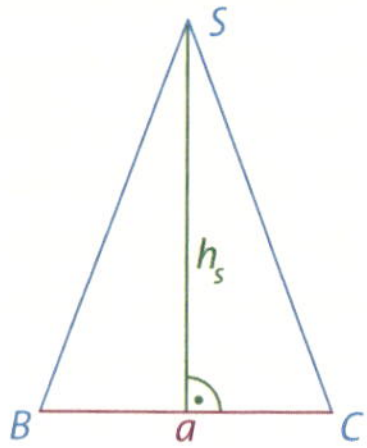

- Um die Oberfläche zu bestimmen, muss ich zunächst die Flächeninhalte der seitlichen Dreiecke berechnen. Die dreieckigen Seitenflächen sind alle gleich groß, denn alle Grundkanten der Pyramide sind gleich lang und alle Seitenkanten sind gleich lang. Die Dreiecke haben jeweils den Flächeninhalt $A_\triangle = \frac{ah_s}{2}$, dabei ist h_S die Höhe der Dreiecke.

h_S bestimme ich mithilfe einer Skizze: Dazu zeichne ich einen Senkrechtschnitt durch die Pyramide, der entlang der Seitenhalbierenden von $\overline{AD}$ und $\overline{BC}$ verläuft. Mit PYTHAGORAS gilt:

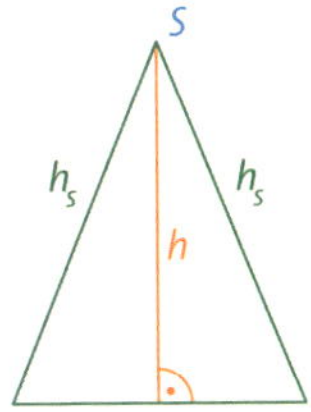

$$h_S^2 = h^2 + \left(\frac{a}{2}\right)^2 \qquad |\sqrt{}$$

$$h_S = \sqrt{h^2 + \left(\frac{a}{2}\right)^2} = \sqrt{144\,\text{cm}^2 + 25\,\text{cm}^2} = 13\,\text{cm}.$$

Also ist die Fläche eines seitlichen Dreiecks:

$$A_\triangle = \frac{ah_s}{2} = \frac{10\,\text{cm} \cdot 13\,\text{cm}}{2} = 65\,\text{cm}^2.$$

Nun kann ich die Oberfläche der Pyramide berechnen:

$$O = G + M = 100\,\text{cm}^2 + 4 \cdot 65\,\text{cm}^2 = 360\,\text{cm}^2.$$

2 Der Zylinder

Ein Zylinder wird begrenzt von drei Flächen:

- der Grund- und der Deckfläche – zwei parallel zueinander liegenden, deckungsgleichen Kreisflächen,
- der Mantelfläche – sie wird aus parallelen Strecken gebildet, die die Grund- und Deckfläche miteinander verbinden.

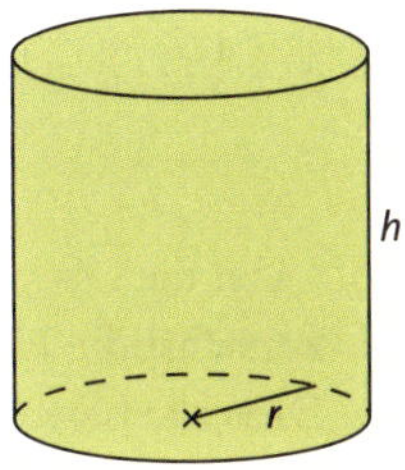

■ Ein Zylinder heißt gerade, wenn Grund- und Mantelfläche senkrecht aufeinanderstehen. Dann liegen Grund- und Deckfläche genau übereinander. Ansonsten heißt er schief. Hier ist ein gerader Zylinder abgebildet.

Oberfläche

Wir behandeln nur gerade Zylinder. Rechts die abgewickelte Oberfläche eines geraden Zylinders. Man erkennt, dass sie zusammengesetzt ist aus der rechteckigen Mantelfläche und 2-mal der runden Grundfläche.

Also gilt:

$O = 2 \cdot G + M$

$O = 2\pi r^2 + 2\pi rh$

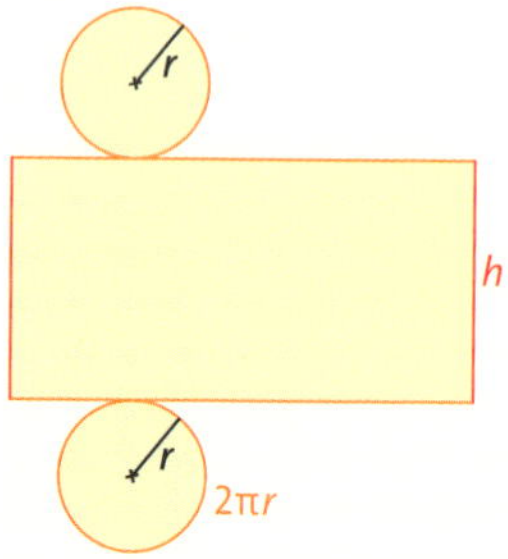

Volumen

Ein Zylinder hat das gleiche Volumen wie ein Quader mit gleicher Grundfläche G und gleicher Höhe h.

Also gilt:

Volumen = Grundfläche · Höhe

$V = G \cdot h$

$V = \pi r^2 h$

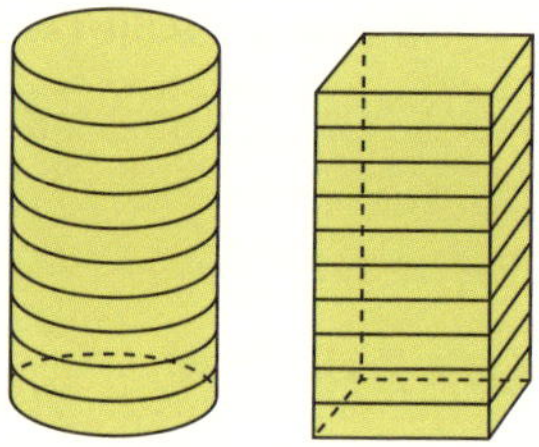

3 Der Kegel

Ein Kreiskegel ist bestimmt durch die Kegelspitze S und einen Kreis, der S nicht enthält. Die Kegelfläche entsteht, wenn eine durch S gehende Gerade längs der Kreislinie entlanggleitet.

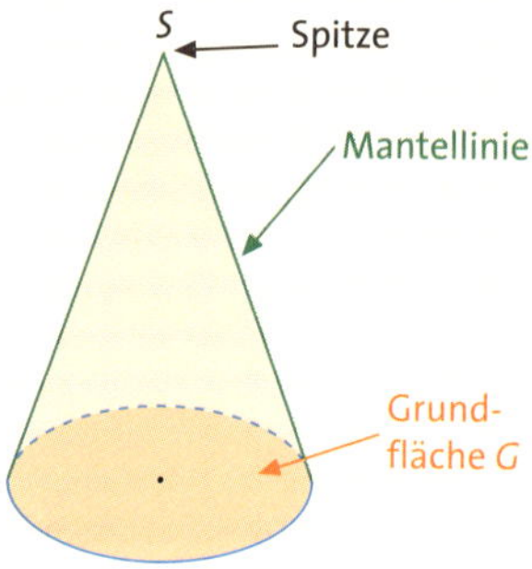

Der Punkt S ist die Spitze, der Kreis die Grundfläche G des Kegels. Die von der Spitze S zur Kreislinie verlaufenden Geradenstücke erzeugen den Kegel. Sie heißen Mantellinien. Liegen Kegelspitze und Kreismittelpunkt senkrecht übereinander, dann heißt der Kegel gerade, sonst schief. Hier ist ein gerader Kegel abgebildet.

■ Oberfläche

Wir behandeln nur gerade Kegel.
Die Oberfläche O eines Kegels ist aus zwei Teilen zusammengesetzt: der Grundfläche G und der Mantelfläche M. Es ist deshalb:
$O = G + M$.
Rechts ist die Abwicklung der Mantelfläche gezeigt, sie ergibt einen Kreissektor. Dabei gilt:

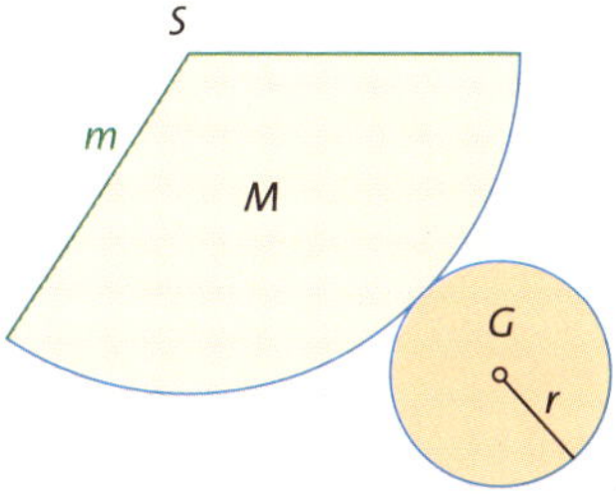

Bogenlänge des Kreissektors = Umfang der Grundfläche
Radius des Kreissektors = Mantellinie des Kegels.

Für die Oberfläche des Kegels gilt:
$O = G + M$
$O = \pi r^2 + \pi r m$

Wenn man Radius und Höhe eines geraden Kegels kennt, dann kann man die Länge der Mantellinie m mit PYTHAGORAS berechnen:
$m^2 = h^2 + r^2$ bzw. $m = \sqrt{h^2 + r^2}$.

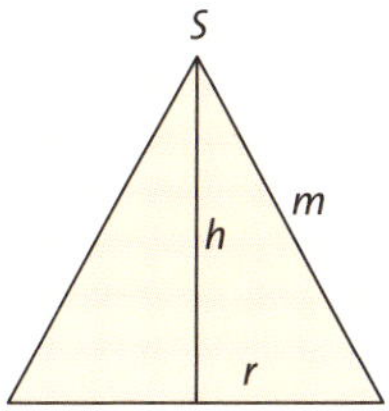

Volumen

Das Volumen eines Kegels ist genauso groß wie das einer Pyramide mit derselben Höhe und derselben Grundfläche. Somit gilt:

$V = \frac{1}{3}\ G \cdot h$ bzw.

$V = \frac{1}{3}\ \pi r^2 h$

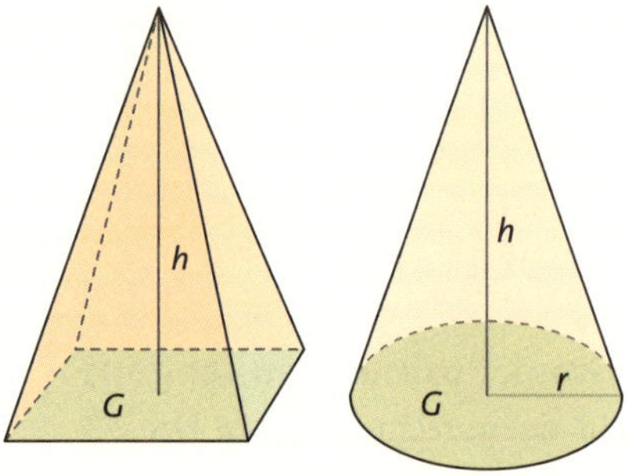

Beispiel: Ein Kegel hat den Radius 3 cm und die Höhe 6 cm.

- $V = \frac{1}{3}\pi r^2 h = \frac{1}{3} \cdot \pi \cdot (3\,\text{cm})^2 \cdot 6\,\text{cm} = 18\pi\,\text{cm}^3 \approx 56{,}5\,\text{cm}^3$
- $m = \sqrt{h^2 + r^2} = \sqrt{(6\,\text{cm})^2 + (3\,\text{cm})^2} = \sqrt{45\,\text{cm}^2} = 3\sqrt{5}\,\text{cm}$
- $O = \pi r^2 + \pi r m = \pi \cdot (3\,\text{cm})^2 + \pi \cdot 3\,\text{cm} \cdot 3\sqrt{5}\,\text{cm}$
  $= 9\pi \cdot (1 + \sqrt{5})\,\text{cm}^2 \approx 91{,}5\,\text{cm}^2$

4 Die Kugel

Die Kugel wird begrenzt durch die Kugelfläche. Alle Punkte der Kugelfläche sind von einem festen Punkt *M* gleich weit entfernt.
M ist der Kugelmittelpunkt. Die konstante Entfernung ist der Radius *r* der Kugel. Du kannst dir eine Kugel auch durch Rotation eines Kreises um den Durchmesser entstanden denken.

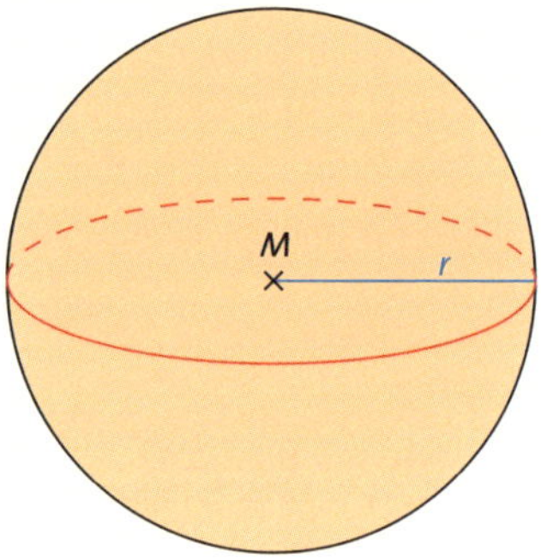

MERKE Für eine Kugel mit Radius *r* gilt:
- Oberfläche $O = 4 \cdot \pi r^2$
- Volumen $V = \frac{4}{3}\pi r^3$.

Trigonometrie

1 Winkelfunktionen im rechtwinkligen Dreieck

1.1 Sinus, Kosinus und Tangens

In einem rechtwinkligen Dreieck heißt die Seite, die dem rechten Winkel gegenüberliegt, Hypotenuse. Die beiden anderen Seiten heißen Katheten.

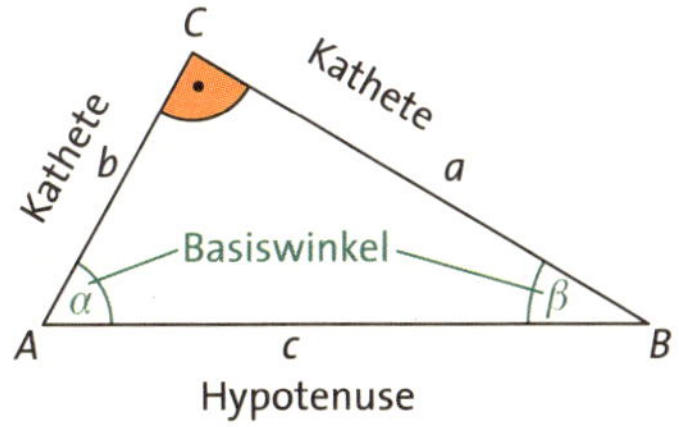

Neu sind folgende Bezeichnungen:

- Die Kathete, die einem ausgewählten Winkel gegenüberliegt, heißt Gegenkathete dieses Winkels.
- Die Kathete, die am ausgewählten Winkel anliegt, heißt Ankathete dieses Winkels.

Beispiel: Im oben abgebildeten Dreieck ist Seite a die Gegenkathete von α und die Ankathete von β.

In rechtwinkligen Dreiecken ist das Verhältnis zweier Seitenlängen zueinander $\left(\text{z. B. } \frac{a}{c} \text{ oder } \frac{b}{a}\right)$ von den Winkeln festgelegt. Wenn man also einen Winkel kennt, kann man Verhältnisse der Seiten zueinander berechnen. Umgekehrt gilt dasselbe: Die Winkel lassen sich berechnen, wenn man ein Seitenverhältnis kennt. Dazu benötigt man folgende Winkelfunktionen:

MERKE

$$\sin \alpha = \frac{a}{c} = \frac{\text{Gegenkathete}}{\text{Hypotenuse}}$$

$$\cos \alpha = \frac{b}{c} = \frac{\text{Ankathete}}{\text{Hypotenuse}}$$

$$\tan \alpha = \frac{a}{b} = \frac{\text{Gegenkathete}}{\text{Ankathete}}$$

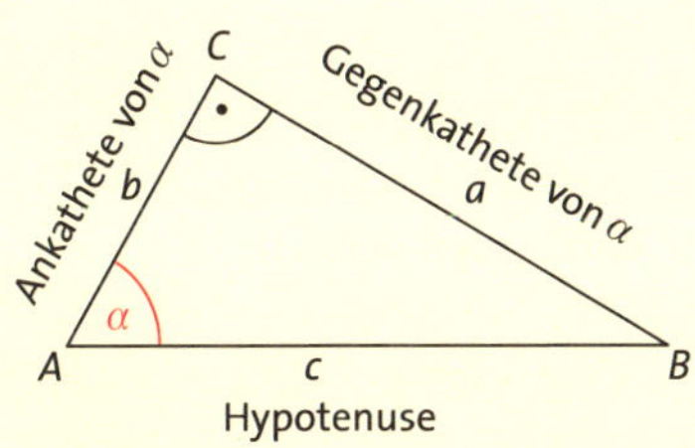

sin = **Sinus**; cos = **Kosinus**; tan = **Tangens**

Die sin-, cos- und tan-Werte beliebiger Winkel sind meist irrationale Zahlen. Näherungswerte können mit dem Taschenrechner bestimmt werden.

Beispiel: Bei vielen Modellen bestimmt man cos 30° so:

Eintippen: 30 [cos] Anzeige: 0,866 025 4 …

Bei anderen so: [cos] 30 [=] Anzeige: 0,866 025 4 …

Also gilt: $\cos 30° \approx 0{,}87$

▶ **BEACHTE** Es hängt vom Modell ab, wie man eintippen muss! Probiere aus, auf welche Weise du den richtigen Wert erhältst. Bei manchen Modellen muss man auch darauf achten, dass der Modus des Taschenrechners auf „DEG“ eingestellt ist.

Beispiel: Gegeben: $\alpha = 90°$; $\beta = 27°$; $c = 4\,\text{cm}$

Gesucht: a

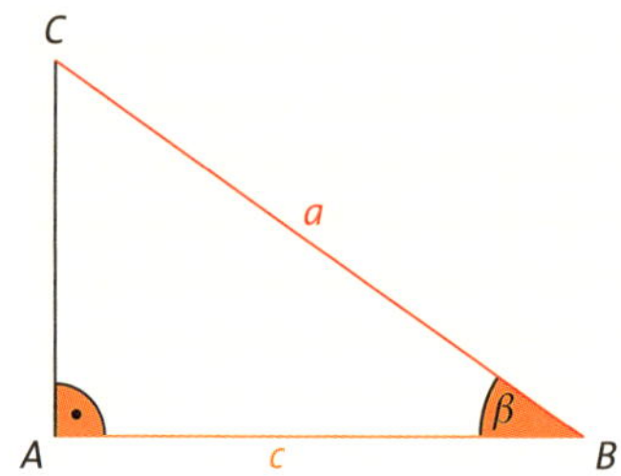

Außer dem rechten Winkel kenne ich den Winkel β. Also wende ich eine der Winkelfunktionen auf β an. Die Seite c ist Ankathete von β, Seite a ist die Hypotenuse. Ich habe also alle Informationen, um die Kosinusfunktion anwenden zu können.

$\cos\beta = \frac{c}{a}$ | auflösen nach a

$a = \frac{c}{\cos\beta} = \frac{4\,\text{cm}}{\cos 27°}$ | cos 27° berechne ich mit Taschenrechner.

$\approx 4{,}49\,\text{cm}$

1.2 Die Umkehrfunktionen $\sin^{-1}$, $\cos^{-1}$ und $\tan^{-1}$

Wenn das Verhältnis zweier Seiten zueinander bekannt ist, dann kennt man damit den zugehörigen Wert sin α, cos α oder tan α. Um aus diesem bekannten Seitenverhältnis den Winkel α zu bestimmen, benötigt man die Umkehrfunktion $\sin^{-1}$, $\cos^{-1}$ bzw. $\tan^{-1}$.

MERKE Für $0 \le \alpha \le 90°$ gilt:

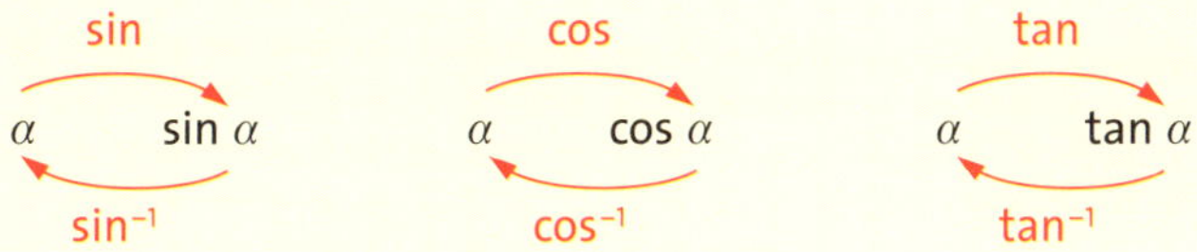

Diese Umkehrfunktionen sind ebenfalls im Taschenrechner programmiert. Man erhält sie meistens durch Drücken von [SHIFT] und der entsprechenden Winkelfunktionstaste.

Beispiel: Je nach Taschenrechner bestimmt man den zu $\sin \alpha = 0{,}6$ gehörenden Winkel α so:

Eintippen: 0,6 [SHIFT] [sin] Anzeige: 36,869 897 …
oder: 0,6 [inv] [sin]
oder auch: [SHIFT] [sin] 0,6 [=]
Also: $\sin^{-1} 0{,}6 \approx 36{,}87°$

Probiere aus, auf welche Weise du den richtigen Wert erhältst. Bei manchen Modellen muss man darauf achten, dass der Modus auf „DEG“ gestellt ist.

Beispiel: **Gegeben:** $\alpha = 90°$;
$b = 2\,\text{cm}$;
$c = 3{,}6\,\text{cm}$
Gesucht: γ

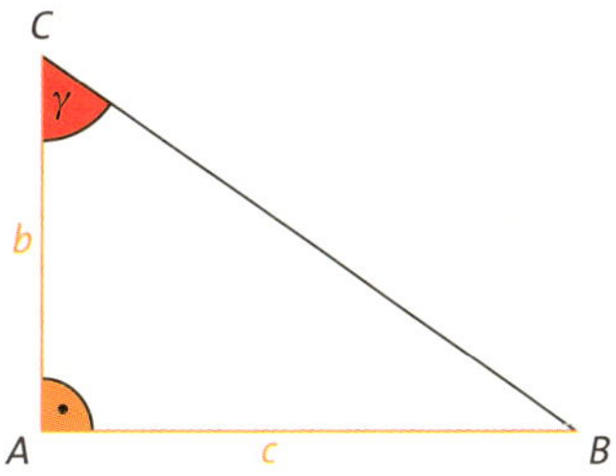

Zuerst schaue ich, in welcher Beziehung die Seiten b und c zum gesuchten Winkel γ stehen. Seite b ist Ankathete von γ, Seite c ist Gegenkathete von γ. Also kann ich die Tangensfunktion verwenden.

$\tan \gamma = \frac{c}{b} = \frac{3{,}6\,\text{cm}}{2\,\text{cm}} = 1{,}8$ | auflösen nach γ

$\gamma = \tan^{-1} 1{,}8 \approx 60{,}95°$ | mit dem Taschenrechner berechnen

2 Funktionswerte spezieller Winkel

Manche spezielle Winkel haben besonders prägnante Sinus-, Kosinus- und Tangens-Werte:

α in °	0°	30°	45°	60°	90°
$\sin\alpha$	0	$\frac{1}{2}$	$\frac{1}{2}\sqrt{2}$	$\frac{1}{2}\sqrt{3}$	1
$\cos\alpha$	1	$\frac{1}{2}\sqrt{3}$	$\frac{1}{2}\sqrt{2}$	$\frac{1}{2}$	0
$\tan\alpha$	0	$\frac{1}{3}\sqrt{3}$	1	$\sqrt{3}$	nicht definiert

Alle oben aufgeführten Winkel haben etwas mit gleichschenkligen bzw. gleichseitigen Dreiecken zu tun und lassen sich ohne Taschenrechner berechnen.

▸ Berechnung der Zahlenwerte der Winkelfunktionen für den Winkel 45°:
Der Winkel 45° führt zu einem gleichschenkligen Dreieck. Man sieht: Ankathete und Gegenkathete von α und von β sind gleich a, also ist hier:

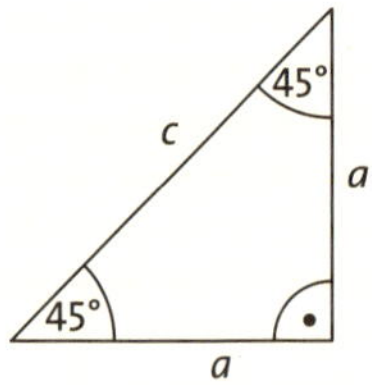

$\sin\alpha = \frac{a}{c} = \cos\alpha$; $\sin 45° = \cos 45°$

$\tan\alpha = \frac{a}{a} = 1$; $\tan 45° = 1$

Mit PYTHAGORAS kann man nun den exakten Wert von sin 45° berechnen:
$c^2 = a^2 + a^2$; also ist $c = \sqrt{2 \cdot a^2} = \sqrt{2} \cdot a$ und

$\sin 45° = \cos 45° = \frac{a}{c} = \frac{a}{\sqrt{2} \cdot a} = \frac{1}{\sqrt{2}} = \frac{1}{2}\sqrt{2}$.

▸ Berechnung der Zahlenwerte der Winkelfunktionen für 30° und 60°:
Wenn man ein gleichseitiges Dreieck in zwei rechtwinklige Dreiecke unterteilt, erhält man die Winkel 30° und 60° so, wie rechts skizziert. An der Skizze kann man ablesen:

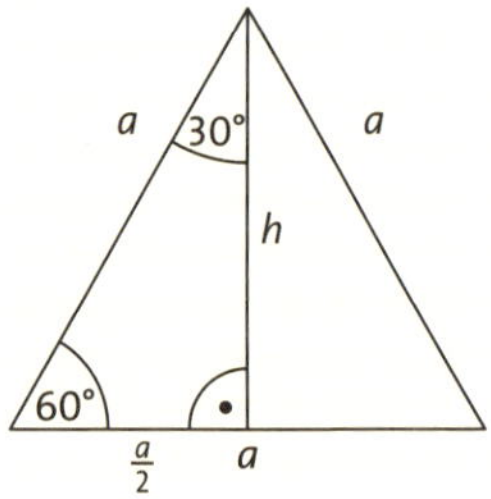

$\sin 30° = \frac{\frac{a}{2}}{a} = \frac{1}{2} = \cos 60°$.

Mit PYTHAGORAS ist:

$a^2 = h^2 + \left(\frac{a}{2}\right)^2$ | auflösen nach h

$h = \sqrt{a^2 - \left(\frac{a}{2}\right)^2} = \sqrt{a^2 - \frac{a^2}{4}} = \sqrt{\frac{3}{4}a^2} = \frac{a}{2}\sqrt{3}$

Daraus ergibt sich für die Winkelfunktion:

$\sin 60° = \cos 30° = \frac{h}{a} = \frac{\frac{a}{2}\sqrt{3}}{a} = \frac{1}{2}\sqrt{3}$

$\tan 60° = \frac{h}{\frac{a}{2}} = \frac{\frac{a}{2}\sqrt{3}}{\frac{a}{2}} = \sqrt{3}$ und $\tan 30° = \frac{\frac{a}{2}}{h} = \frac{\frac{a}{2}}{\frac{a}{2}\sqrt{3}} = \frac{1}{3}\sqrt{3}$.

3 Anwendungen

Beispiel: Der Anfang einer mit 9° ansteigenden Rampe ist 6,50 m von einer Lagerhalle entfernt. Wie lang ist der Fahrweg auf der Rampe?

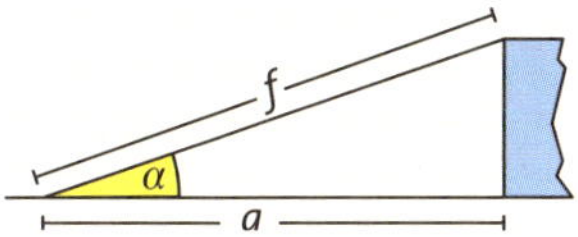

Gegeben: $\alpha = 9°$; $a = 6{,}50\,\text{m}$

Gesucht: Fahrweglänge f

Situation: a ist Ankathete von α; f ist Hypotenuse.

Berechnung: $\cos\alpha = \frac{\text{Ankathete von }\alpha}{\text{Hypotenuse}} = \frac{a}{f}$ | nach f auflösen

$f = \frac{a}{\cos\alpha} = \frac{6{,}50\,\text{m}}{\cos 9°} \approx 6{,}58\,\text{m}$

Antwort: Die Fahrweglänge auf der Rampe beträgt 6,58 m.

4 Sinus und Kosinus als Funktion beliebiger Winkel

4.1 Sinus und Kosinus am Einheitskreis

Sinus und Kosinus lassen sich am Einheitskreis veranschaulichen. Der Einheitskreis ist ein Kreis im Koordinatensystem um den Mittelpunkt $U(0; 0)$ mit Radius 1.

Wir betrachten den Winkel α des im Einheitskreis konstruierten Dreiecks:

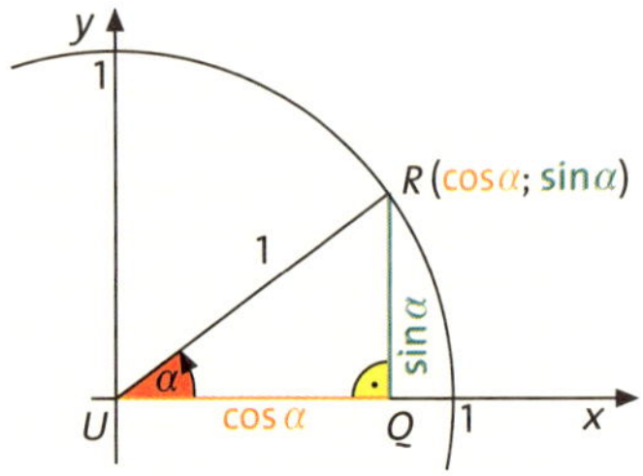

$$\sin \alpha = \frac{\text{Gegenkathete}}{\text{Hypotenuse}} = \frac{\overline{QR}}{1} = \overline{QR}$$

$$\cos \alpha = \frac{\text{Ankathete}}{\text{Hypotenuse}} = \frac{\overline{QU}}{1} = \overline{QU}$$

- Die Länge des y-Achsen-Abschnitts ist also gleich dem Sinuswert des Winkels.
- Und die Länge des x-Achsen-Abschnitts ist gleich dem Kosinuswert des Winkels.

Wenn wir den Punkt R betrachten, gilt:

- seine x-Koordinate ist $\cos \alpha$,
- seine y-Koordinate ist $\sin \alpha$.

Die Koordinaten des Punktes R lassen sich also so notieren: $R(\cos \alpha; \sin \alpha)$.

■ Am Einheitskreis kann man den Sinus- und den Kosinuswert eines Winkels ohne Taschenrechner messen.

Beispiel: $\sin 55°$ und $\cos 55°$

Ich zeichne ein Koordinatensystem mit Längeneinheit (LE) 5 cm und zeichne mit dem Zirkel einen Einheitskreis (Radius 5 cm). Nun trage ich den Winkel von 55° am Ursprung ab. Mit dem Geodreieck zeichne ich die Seite rechts so ein, dass sie rechtwinklig auf der x-Achse steht und zum Punkt R führt. Nun messe ich ab. Da ich als Längeneinheit 5 cm gewählt habe, muss ich durch 5 cm teilen:

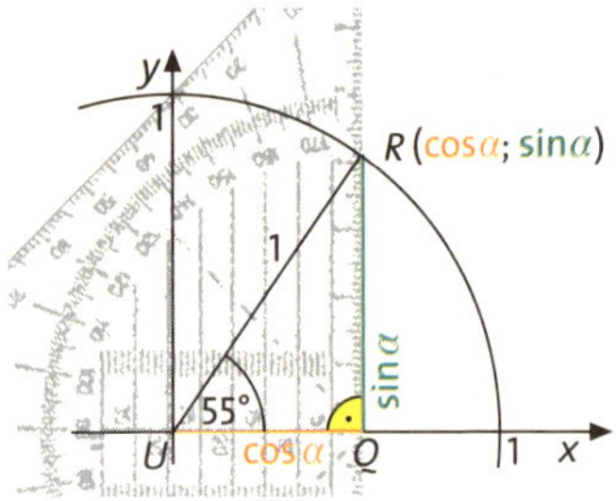

y-Achsen-Abschnitt $\approx \frac{4{,}1\,\text{cm}}{5\,\text{cm}} = 0{,}82$ LE. Also: $\sin 55° \approx 0{,}82$.

x-Achsen-Abschnitt $\approx \frac{2{,}9\,\text{cm}}{5\,\text{cm}} = 0{,}58$ LE. Also: $\cos 55° \approx 0{,}58$.

■ Auch die Werte der Umkehrfunktionen $\sin^{-1}$ und $\cos^{-1}$ lassen sich zeichnerisch ermitteln.

Beispiel: $\alpha = \sin^{-1} 0{,}25$ (bzw. $\sin \alpha = 0{,}25$)

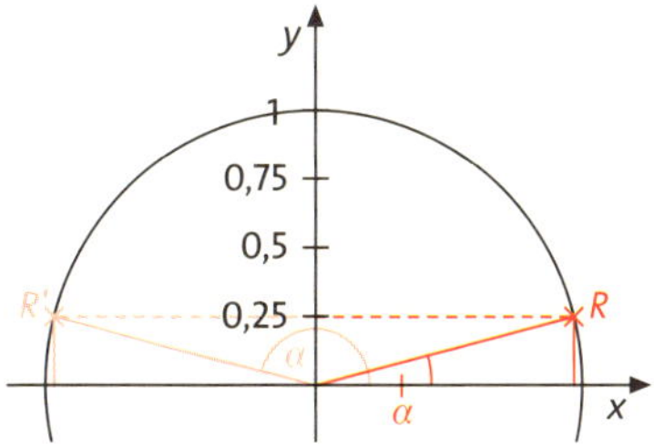

Koordinatensystem und Einheitskreis zeichne ich wie oben. Der Sinus-Wert ist gleich der y-Koordinate des zugehörigen Punktes R. Also zeichne ich R bei $y = 0{,}25$ LE auf den Einheitskreis.

Ich zeichne die Strecke $\overline{UR}$ ein, an der ich jetzt den gesuchten Winkel $\alpha = \sin^{-1} 0{,}25$ abmessen kann.

Ergebnis: $\alpha = \sin^{-1} 0{,}25 \approx 14°$.

Es gibt noch eine zweite Lösung (in hellem Rosa eingezeichnet) mit Ergebnis: $\alpha = \sin^{-1} 0{,}25 \approx 166°$.

4.2 Sinus und Kosinus als Funktion beliebiger Winkel

Bisher haben wir immer Winkel zwischen 0° und 90° betrachtet, weil alle Winkel in einem rechtwinkligen Dreieck kleiner als 90° sind. Anhand des Einheitskreises kann man die Winkelfunktionen nun für beliebig große Winkel α verallgemeinern.

Trage dazu den Winkel α am Ursprung ab und betrachte den zugehörigen Punkt R auf dem Einheitskreis:

- $\cos \alpha = x$-Koordinate des Punktes R,
- $\sin \alpha = y$-Koordinate des Punktes R.

■ **Winkel größer als 90°**

Beispiel: $\alpha = 130°$

An der Grafik S. 86 oben kann man ablesen: Die x-Koordinate des Punktes $R(\cos \alpha; \sin \alpha)$ ist negativ. Also ist $\cos 130°$ ein negativer Wert.

Eine Messung liefert: $\cos 130° \approx -0{,}64$.

Der Taschenrechner liefert: $\cos 130° = -0{,}642\,78\ \ldots$

Entsprechend kann man ablesen, dass die y-Koordinate von R positiv ist. Also ist sin 130° ein positiver Wert.
Der Taschenrechner liefert:
sin 130° = 0,7660 …

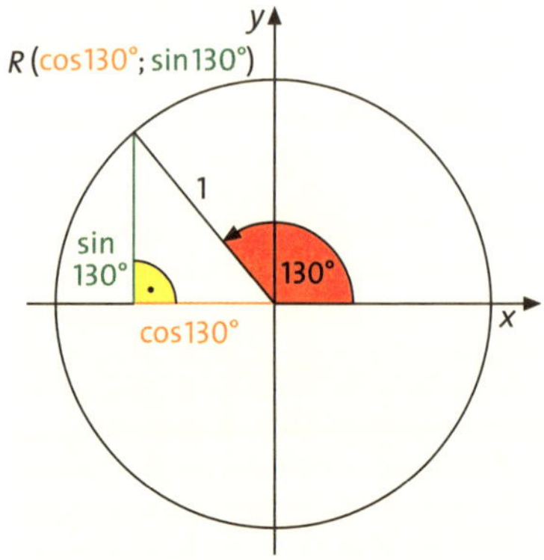

■ Am Einheitskreis kannst du folgende Sonderfälle ablesen:

▸ $\alpha = 0°$ ergibt $R(1;\ 0)$.
Also: cos 0° = 1 und sin 0° = 0.

▸ $\alpha = 90°$ ergibt $R(0;\ 1)$.
Also: cos 90° = 0 und sin 90° = 1.

▸ $\alpha = 180°$ ergibt $R(-1;\ 0)$.
Also: cos 180° = –1 und sin 180° = 0.

▸ $\alpha = 270°$ ergibt $R(0;\ -1)$.
Also: cos 270° = 0 und sin 270° = –1.

▸ $\alpha = 360°$ ergibt $R(1;\ 0)$.
Also: cos 360° = 1 und sin 360° = 0.

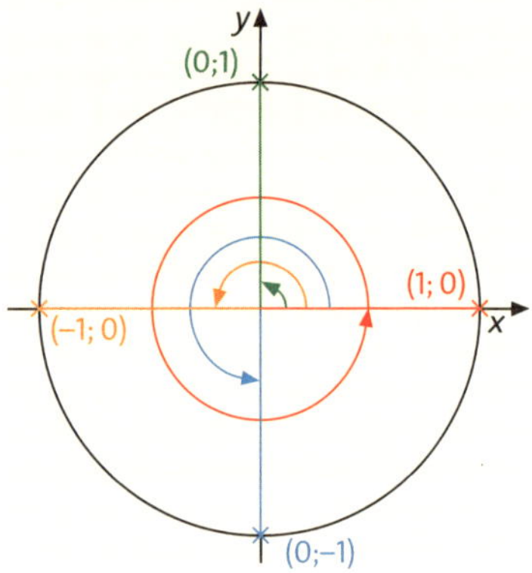

■ **Winkel größer als 360°**

Beispiel: Willst du den Winkel $\alpha = 390°$ antragen, so bist du nach 360° wieder an der Ausgangsstelle und brauchst nur noch 30° anzutragen. Also ist der durch $\alpha = 390°$ bestimmte Punkt R derselbe wie der durch $\alpha = 30°$ bestimmte.

Es gilt: sin 390° = sin (360° + 30°) = sin 30°
cos 390° = cos (360° + 30°) = cos 30°

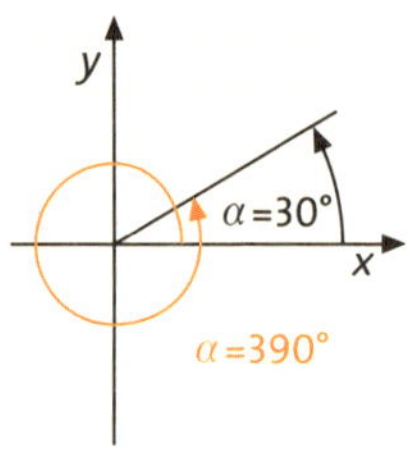

MERKE Es gilt immer: $\sin(360° + \alpha) = \sin \alpha$
$\cos(360° + \alpha) = \cos \alpha$

Da sich die Sinus- und Kosinuswerte nach 360° jeweils wiederholen, nennt man sin und cos periodische Funktion. Man sagt: Die Periodenlänge beträgt 360°.

negative Winkel

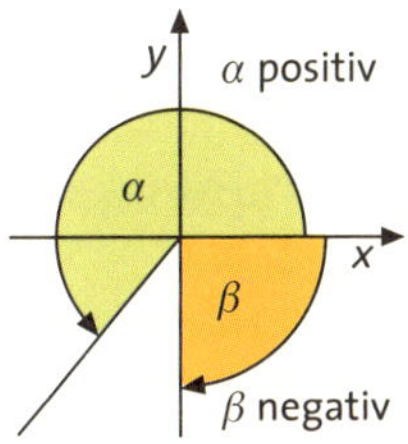

- Positive Winkel werden gegen den Uhrzeigersinn an die x-Achse angetragen.
- Negative Winkel werden mit dem Uhrzeigersinn angetragen.

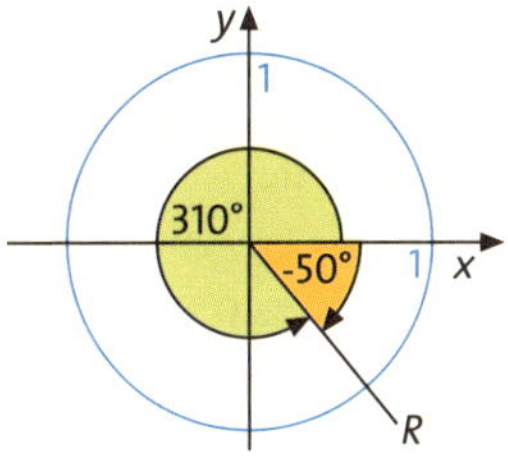

Beispiel: Der Winkel −50° liefert denselben Punkt R wie der Winkel 310°.
Also gilt:
$\sin(-50°) = \sin(-50° + 360°) = \sin 310°$
$\cos(-50°) = \cos(-50° + 360°) = \cos 310°$

Die Definitionen $\sin\alpha = \sin(360° + \alpha)$ und $\cos\alpha = \cos(360° + \alpha)$ aus dem vorigen Abschnitt gelten also auch für negative Winkel. Damit lassen sich auch die Sinus- und Kosinuswerte negativer Winkel auf die Sinus- und Kosinuswerte von Winkeln zwischen 0° und 360° zurückführen.

Beispiel: $\sin(-112°)$
Ich führe auf den Sinuswert eines positiven Winkels zurück:
$\sin(-112°) = \sin(360° + (-112°)) = \sin 248°$
Ich überprüfe das mit dem Taschenrechner:
$\sin(-112°) = -0{,}9271\ldots$ und $\sin 248° = -0{,}9271\ldots$

5 Berechnungen an allgemeinen Dreiecken

5.1 Flächeninhalt beliebiger Dreiecke

Bisher konnten wir nur die Fläche eines *rechtwinkligen* Dreiecks direkt berechnen. Mithilfe der Sinusfunktion lässt sich nun in *jedem* Dreieck der Flächeninhalt bestimmen, wenn man zwei Seitenlängen und den Zwischenwinkel kennt.

$A = \frac{a \cdot b}{2} \cdot \sin \gamma$ $\qquad A = \frac{a \cdot c}{2} \cdot \sin \beta$ $\qquad A = \frac{b \cdot c}{2} \cdot \sin \alpha$

Beweis:

Ich will die bekannte Formel für den Flächeninhalt rechtwinkliger Dreiecke anwenden. Deswegen zerlege ich das Dreieck zuerst in zwei rechtwinklige Teildreiecke:

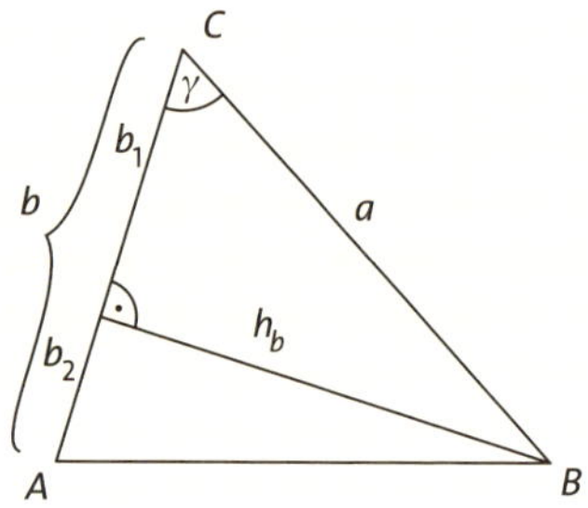

$$A_D = b_1 \cdot \frac{h_b}{2} + b_2 \cdot \frac{h_b}{2}$$
$$= (b_1 + b_2) \cdot \frac{h_b}{2} = b \cdot \frac{h_b}{2}.$$

Nun muss ich noch die Höhe h_b herausbekommen. h_b ist Gegenkathete von γ.

Also: $\sin \gamma = \frac{h_b}{a}$ | auflösen nach h_b

$h_b = a \cdot \sin \gamma$

Nun kann ich A_D berechnen:

$$A_D = b \cdot \frac{h_b}{2} = b \cdot \frac{a \cdot \sin \gamma}{2} = \frac{a \cdot b}{2} \cdot \sin \gamma.$$

Damit ist die erste der oben genannten Formeln bewiesen.

5.2 Sinussatz

In jedem Dreieck (also auch in nicht rechtwinkligen) gilt: Die Längen zweier Seiten verhalten sich zueinander wie die Sinuswerte ihrer Gegenwinkel.

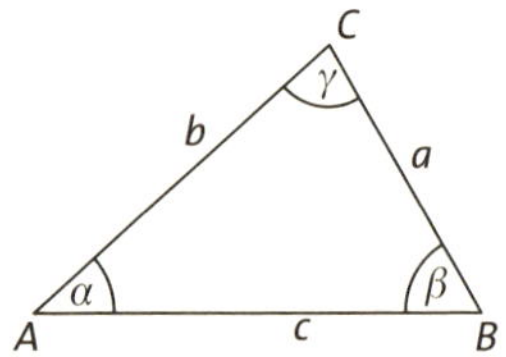

$\frac{a}{b} = \frac{\sin \alpha}{\sin \beta}$ $\qquad \frac{a}{c} = \frac{\sin \alpha}{\sin \gamma}$ $\qquad \frac{b}{c} = \frac{\sin \beta}{\sin \gamma}$

5.3 Kosinussatz

In jedem Dreieck gilt: Wenn man zwei Seitenlängen und den Zwischenwinkel kennt, kann man die dritte Seitenlänge berechnen. Es gelten die Zusammenhänge:

$a^2 = b^2 + c^2 - 2b \cdot c \cdot \cos \alpha$

$b^2 = a^2 + c^2 - 2a \cdot c \cdot \cos \beta$

$c^2 = a^2 + b^2 - 2a \cdot b \cdot \cos \gamma$

Ein Sonderfall ist ein rechtwinkliges Dreieck, z. B. mit $\gamma = 90°$:

$$
\begin{aligned}
c^2 &= a^2 + b^2 - 2a \cdot b \cdot \cos \gamma \qquad | \cos 90° = 0 \\
&= a^2 + b^2
\end{aligned}
$$

Das ist der bekannte Satz des PYTHAGORAS für rechtwinklige Dreiecke.

Durch Umstellen des Kosinussatzes ergeben sich u. a. folgende Formeln:

$a = \sqrt{b^2 + c^2 - 2bc \cdot \cos \alpha}$; $\cos \alpha = \dfrac{b^2 + c^2 - a^2}{2bc}$.

5.4 Dreiecksberechnung mit Sinus- und Kosinussatz

Im Buch *Grundwissen Realschule Klasse 7/8* haben wir gezeigt, wie man Dreiecke mit Zirkel und Geodreieck konstruiert, wenn nur 3 der insgesamt 6 Winkelgrößen und Seitenlängen angegeben sind (davon muss immer mindestens eine Angabe eine Seitenlänge sein). Die übrigen 3 Größen kann man also zeichnerisch bestimmen.
In diesem Kapitel zeigen wir, wie man die fehlenden Größen mithilfe des Sinus- und des Kosinussatzes *rechnerisch* bestimmen kann.

Man unterscheidet 4 Fälle, je nachdem, welche Größen gegeben sind (die Abkürzungen kennst du von den Kongruenzsätzen):

- 3 Seiten sss (Ansatz zur Lösung: Kosinussatz)
- 2 Seiten und der eingeschlossene Winkel sws (Ansatz zur Lösung: Kosinussatz)
- 1 Seite und 2 anliegende Winkel wsw (Ansatz zur Lösung: Sinussatz)
- 2 Seiten und 1 anliegender Winkel ssw (Ansatz zur Lösung: Sinussatz)

Die ersten drei Fälle entsprechen einem Kongruenzsatz, deswegen gibt es hier – bei Konstruktion und bei Berechnung – immer genau eine Lösung. Im Fall ssw gibt es manchmal keine oder 2 Lösungen, doch dazu später.

Beispiel zum Fall sss

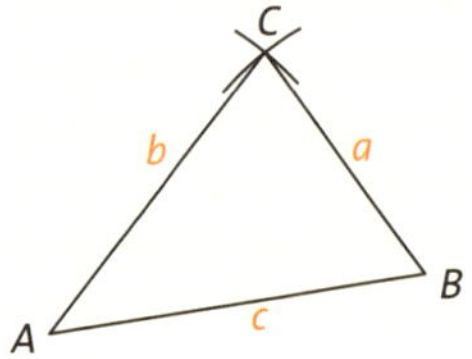

Gegeben: $a = 3\,\text{cm}$, $b = 4\,\text{cm}$, $c = 6\,\text{cm}$
Gesucht: α, β, γ
Ansatz zur Lösung: Kosinussatz.
In der Skizze rechts sind die gegebenen Größen orange markiert.

▶ Berechnung von α:

$$\cos\alpha = \frac{b^2 + c^2 - a^2}{2bc}$$

$$= \frac{4^2 + 6^2 - 3^2}{2 \cdot 4 \cdot 6} = 0{,}895\,8\overline{3}$$

$$\alpha = \cos^{-1} 0{,}895\,8\overline{3} \approx 26{,}38°$$

Ansatz zur Lösung ist der Kosinussatz. Ich benutze die oben gezeigte Umformung des Kosinussatzes. $\alpha = \cos^{-1} 0{,}895\,8\overline{3}$ berechne ich gleich mit dem „krummen" Wert – nicht mit einer gerundeten Zahl!

▶ Berechnung von β:

$$\sin\beta = \sin\alpha : \frac{a}{b}$$

$$\approx \sin 26{,}38° \cdot \frac{4}{3} = 0{,}59\,\ldots$$

$$\beta = \sin^{-1} 0{,}59\,\ldots \approx 36{,}33°$$

β kann ich nun mit dem Kosinus- oder mit dem Sinussatz berechnen. Ich nehme den Sinussatz, den ich gleich nach $\sin\beta$ umgestellt habe.

▶ Berechnung von γ:

$$\gamma = 180° - \alpha - \beta = 117{,}28°$$

Den dritten Winkel berechne ich mit dem Innenwinkelsatz $\alpha + \beta + \gamma = 180°$.

Beispiel zum Fall wsw

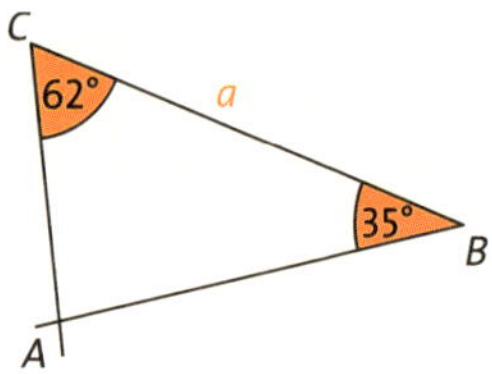

Gegeben: $a = 7\,\text{cm}$; $\beta = 35°$; $\gamma = 62°$
Gesucht: α, b, c
Ansatz zur Lösung: Sinussatz.
In der Skizze rechts sind die gegebenen Größen wieder orange markiert.

▶ $\alpha = 180° - 35° - 62° = 83°$ — Innenwinkelsatz

▶ $b = \dfrac{a \cdot \sin\beta}{\sin\alpha} = \dfrac{7\,\text{cm} \cdot \sin 35°}{\sin 83°} \approx 4{,}05\,\text{cm}$ — Sinussatz

▶ $c = \dfrac{a \cdot \sin\gamma}{\sin\alpha} = \dfrac{7\,\text{cm} \cdot \sin 62°}{\sin 83°} \approx 6{,}23\,\text{cm}$ — Sinussatz

Beispiel zum Fall ssw

▸ Wenn zwei Seiten und der Gegenwinkel der *größeren* Seite gegeben sind, so entspricht dies dem Kongruenzsatz Ssw und die Lösung ist eindeutig.

▸ Wenn aber der Gegenwinkel der *kleineren* Seite gegeben ist, so entspricht dies *keinem* Kongruenzsatz. Deswegen kann es dann keine, eine oder zwei Lösungen geben.

Beispiel:

Gegeben: $b = 2{,}4\,\text{cm}$;
$c = 3{,}4\,\text{cm}$;
$\beta = 39°$

Gesucht: a, α, γ

In der Skizze sind die gegebenen Größen wieder orange markiert. β liegt der kürzeren Seite b gegenüber, also gibt es möglicherweise zwei Lösungen.

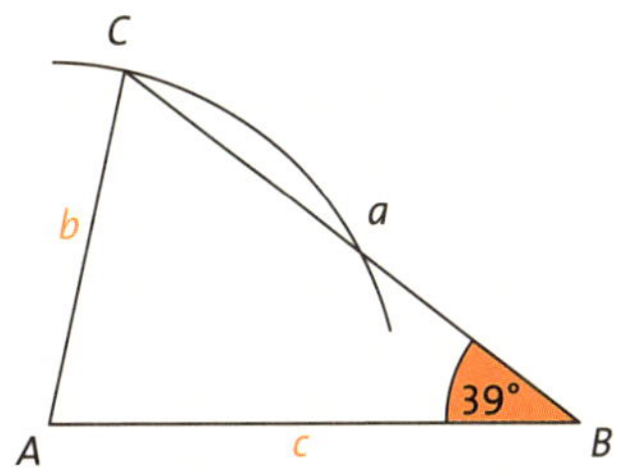

Ansatz zur Lösung ist der Sinussatz:

$$\sin \gamma = \frac{c \cdot \sin \beta}{b} = \frac{3{,}4\,\text{cm} \cdot \sin 39°}{2{,}4\,\text{cm}} = 0{,}89\ldots$$

Es gibt zwei Lösungen für $\sin \gamma = 0{,}89\ldots$

1. Lösung:

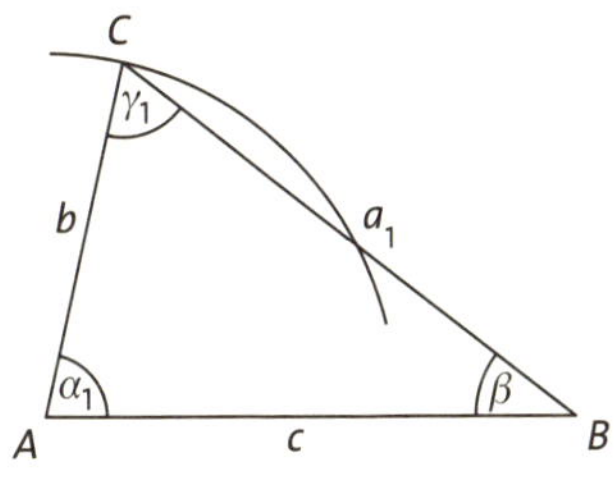

$\gamma_1 = \sin^{-1} 0{,}89\ldots \approx 63{,}1°$

$\alpha_1 = 180° - (\beta + \gamma_1) \approx 77{,}9°$

$$a_1 = \frac{b \cdot \sin \alpha_1}{\sin \beta} \approx \frac{2{,}4\,\text{cm} \cdot \sin 77{,}9°}{\sin 39°} \approx 3{,}7\,\text{cm}$$

2. Lösung:

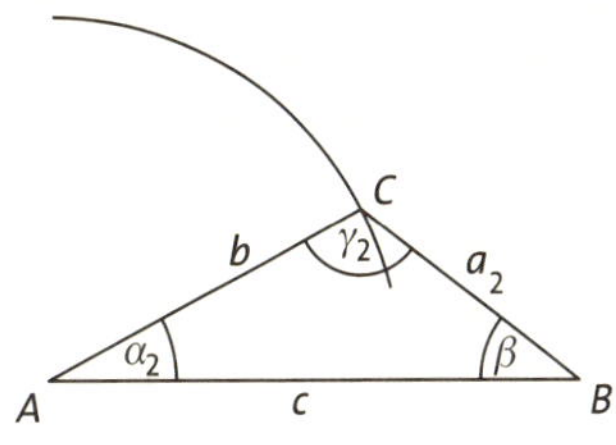

$\gamma_2 = 180° - \gamma_1 \approx 116{,}9°$

$\alpha_2 = 180° - (\beta + \gamma_2) \approx 24{,}1°$

$$a_2 = \frac{b \cdot \sin \alpha_2}{\sin \beta} \approx \frac{2{,}4\,\text{cm} \cdot \sin 24{,}1°}{\sin 39°} \approx 1{,}6\,\text{cm}$$

Stochastik

1 Wiederholung einiger Grundbegriffe

▸ Ein Zufallsexperiment, bei dem alle Ergebnisse gleich wahrscheinlich sind, heißt Laplace-Experiment.

Beispiel: Würfeln ist ein Laplace-Experiment, denn alle Ergebnisse (1; 2; 3; 4; 5; 6) sind gleich wahrscheinlich.

▸ Man kann mehrere Ergebnisse zu einem Ereignis zusammenfassen.

Beispiel: Beim Würfeln ist „gerade Augenzahl" ein Ereignis, das aus den Ergebnissen 2, 4 und 6 besteht.

▸ Bei Laplace-Experimenten gilt für die Wahrscheinlichkeit eines Ereignisses A:

$$P(A) = \frac{\text{Anzahl der für das Ereignis } A \text{ günstigen Ergebnisse}}{\text{Anzahl der möglichen Ergebnisse}}$$

Beispiel: Das Ereignis „gerade Augenzahl" tritt bei 3 von insgesamt 6 möglichen Ergebnissen ein. Also ist:

$P\,(\text{„gerade Augenzahl"}) = \frac{3}{6} = 0{,}5\,.$

2 Mehrstufige Zufallsexperimente und Baumdiagramme

Eine Schüssel enthält eine rote Kugel und vier schwarze Kugeln. Hanna zieht blind eine Kugel. Mit welcher Wahrscheinlichkeit ist es die rote Kugel? Mit welcher Wahrscheinlichkeit eine schwarze Kugel?

Jede Kugel wird mit gleicher Wahrscheinlichkeit gezogen, es ist also ein Laplace-Experiment.

▸ Bei nur einer Kugel von insgesamt 5 Kugeln tritt das Ereignis „rote Kugel“ ein. Also ist die Wahrscheinlichkeit, eine rote Kugel zu ziehen:
P („rote Kugel“) $= \frac{1}{5}$.

▸ Bei 4 von insgesamt 5 Kugeln tritt das Ereignis „schwarze Kugel“ ein. Also ist die Wahrscheinlichkeit, eine schwarze Kugel zu ziehen:
P („schwarze Kugel“) $= \frac{4}{5}$.

Grafisch kann man das Experiment mit einer Verzweigung veranschaulichen (r steht für „rote Kugel“, s für „schwarze Kugel“):
An jedem Ast wird notiert, wie wahrscheinlich es ist, dass der Zufall bei der Verzweigung *diesen* Weg „wählt“. Da der Zufall in jedem Fall einem dieser Wege folgt, ist die Summe der Wahrscheinlichkeiten an einer Verzweigung immer gleich 1.

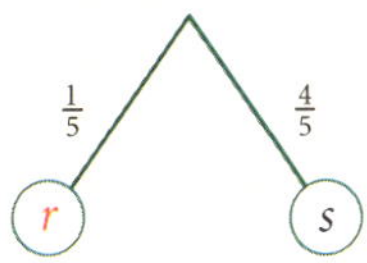

Hanna setzt ihr Zufallsexperiment fort. Sie legt nun die gezogene Kugel wieder in die Schüssel zurück und zieht noch einmal eine Kugel. Auch beim Ziehen der 2. Kugel ist die Wahrscheinlichkeit für „rote Kugel“ wieder $\frac{1}{5}$ und für „schwarze Kugel“ $\frac{4}{5}$.

Wir erweitern die Grafik für die 2. gezogene Kugel. Eine solche Darstellung mit mehreren Verzweigungen nennt man Baumdiagramm.

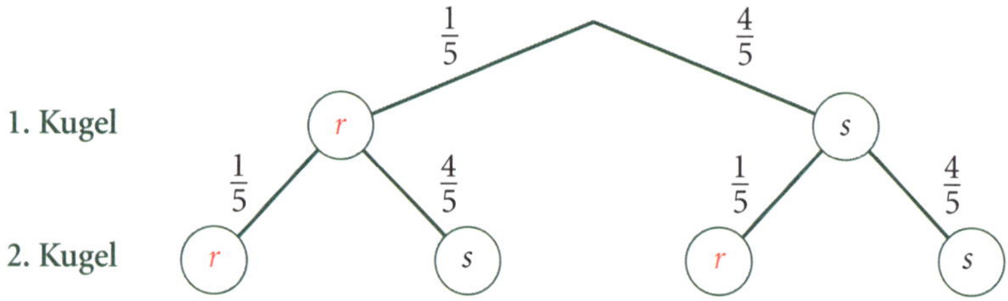

Bei Hannas zweistufigem Experiment gibt es also 4 mögliche Ergebnisse: *rr* (für „1. Kugel rot – 2. Kugel rot“), *rs, sr, ss.* Diese 4 Ergebnisse sind *nicht* gleich wahrscheinlich.
Wie groß ist die Wahrscheinlichkeit eines Ergebnisses?

MERKE 1. Pfadregel (Multiplikationsregel):
Die Wahrscheinlichkeit eines Ergebnisses ist gleich dem Produkt der Wahrscheinlichkeiten längs seines Pfades.

Für Hannas Experiment bedeutet dies:

$$P(rr) = \frac{1}{5} \cdot \frac{1}{5} = \frac{1}{25},\ P(rs) = \frac{1}{5} \cdot \frac{4}{5} = \frac{4}{25},\ P(sr) = \frac{4}{5} \cdot \frac{1}{5} = \frac{4}{25},\ P(ss) = \frac{4}{5} \cdot \frac{4}{5} = \frac{16}{25}.$$

Wie groß ist die Wahrscheinlichkeit des Ereignisses „mindestens eine rote Kugel wird gezogen“?

MERKE 2. Pfadregel (Summenregel):
Die Wahrscheinlichkeit eines Ereignisses ist gleich der Summe der Wahrscheinlichkeiten aller Pfade, die zu diesem Ereignis führen.

Das bedeutet für Hanna:

$$P(\text{„mindestens eine rote Kugel“}) = P(rr) + P(rs) + P(sr) = \frac{1}{25} + \frac{4}{25} + \frac{4}{25} = \frac{9}{25}.$$

Verzeichnis der Zeichen und Abkürzungen

Bedeutung	Bezeichnungen in diesem Buch	abweichende Bezeichnung in anderen Büchern
Menge der natürlichen Zahlen	$\mathbb{N} = \{1; 2; 3; \ldots\}$	$\mathbb{N} = \{0; 1; 2; \ldots\}$ $\mathbb{N}^* = \{1; 2; 3; \ldots\}$
Menge der ganzen Zahlen	$\mathbb{Z} = \{0; \pm 1; \pm 2; \ldots\}$	
Mächtigkeit (Zahl der Elemente) von A	$\lvert A \rvert$	
Menge der rationalen Zahlen	$\mathbb{Q}$	
Menge der nichtnegativen rationalen Zahlen	$\mathbb{Q}^+$	
Menge der positiven rationalen Zahlen	$\mathbb{Q}_0^+$	
Menge der reellen Zahlen	$\mathbb{R}$	
Menge der nichtnegativen reellen Zahlen	$\mathbb{R}_0^+$	
Menge der positiven reellen Zahlen	$\mathbb{R}^+$	
Grundmenge	G	$\mathbb{G}$
Lösungsmenge	L	$\mathbb{L}$
Definitionsmenge	$\mathbb{D}$	D
Wertmenge	$\mathbb{W}$	W
… ist Element von …	$\in$	
… ist nicht Element von …	$\notin$	
… ist Teilmenge von …	$\subset$	$\subseteq, \subsetneqq$
… ist nicht Teilmenge von …	$\not\subset$	$\not\subseteq, \not\subsetneqq$
Leere Menge	$\{\,\}$	$\varnothing$
Parabelscheitelpunkt	$S(-d; e)$	$S(x_S; y_S)$
Zentrische Streckung	$P \xrightarrow{Z;k} P'$	
Punkt mit Koordinaten	$P(2; 3)$	$P(2 \vert 3)$
Strecke von A nach B	$\overline{AB}$	$[AB]$
Länge der Strecke $\overline{AB}$	$\overline{AB}$	$\lvert AB \rvert$
Gerade AB	AB	
F_1 ist ähnlich zu F_2	$F_1 \sim F_2$	
Umfang	u	
Flächeninhalt	A	
Oberfläche	O	A_O
Grundfläche	G	A_G
Mantelfläche	M	A_M
Volumen, Rauminhalt	V	
Umkehrfunktion	f^{-1}	
$1 \cdot 2 \cdot 3 \cdot \ldots \cdot n$	$n!$	

Test 1 *zu S. 22–26*

1 Zeichne die Geraden zu den Gleichungen.

a) $y = 4 \cdot x$ b) $y = \frac{1}{3} \cdot x$ c) $y = -\frac{5}{4} \cdot x$

d) $y = -3x - 2$ e) $y = -4x + 6{,}5$ f) $y = 2{,}5x - 4{,}5$

2 Zeichne jeweils die Gerade, die durch den gegebenen Punkt und durch den Ursprung verläuft. Gib die Steigung und die zugehörige Funktionsgleichung an.

a) $P_A(1; 4)$ b) $P_B(-3; -2)$ c) $P_C(2; -6)$

3 Bestimme jeweils die Nullstelle und den Schnittpunkt mit der *y*-Achse.

a) $y = 2x + 3$ b) $y = -\frac{1}{2}x + 1$ c) $y = 3$

4 Bestimme jeweils die Funktionsgleichung der linearen Funktion mit den angegebenen zwei Punkten. Überprüfe dein Ergebnis mit einer Zeichnung des Graphen.

a) $P_1(0; 2)$ und $P_2(4; 3)$ b) $Q_1(-3; 2)$ und $Q_2(-1; -4)$

Test 2 *zu S. 27–34*

1 Löse rechnerisch.

a) Löse mit dem Einsetzungsverfahren.

$$\begin{array}{l|l|} \text{I} & x + y = 5 \\ \text{II} & 2x - 2y = 2 \end{array}$$

b) Löse mit dem Gleichsetzungsverfahren.

$$\begin{array}{l|l|} \text{I} & y = 2x - 8 \\ \text{II} & y = \frac{1}{3}x - 3 \end{array}$$

c) Löse mit dem Additionsverfahren.

$$\begin{array}{l|l|} \text{I} & 3x + y = 7 \\ \text{II} & 2x - 2y = -2 \end{array}$$

2 Löse mit einem beliebigen rechnerischen Verfahren.

a) $$\begin{array}{l|l|} \text{I} & 3x + 2y = 5 \\ \text{II} & 3x - 2y = 6 \end{array}$$

b) $$\begin{array}{l|l|} \text{I} & -x - 2y = 1 \\ \text{II} & 3x + 6y = -3 \end{array}$$

c) $$\begin{array}{l|l|} \text{I} & y + 2x = 24 \\ \text{II} & y - \frac{1}{3}x = 10 \end{array}$$

3 **Löse grafisch und mache die Probe, falls möglich.**

a) $\begin{array}{l|l|} \text{I} & x + 2y = 4 \\ \text{II} & 3x - y = -2 \end{array}$ b) $\begin{array}{l|l|} \text{I} & \frac{1}{2}x - y = 0 \\ \text{II} & y + 2 = 0 \end{array}$

4 **Übersetze die Angabe in eine Gleichung.**

a) *x* ist um 5 größer als *y*.
b *x* ist doppelt so groß wie *y*.
c) *x* ist halb so groß wie *y*.
d) *a* und *b* ergeben zusammen 25.
e) Um *y* zu erhalten, muss man *x* mit 5 multiplizieren und 10 addieren.
f) Das Produkt von *x* und *y* ist so groß wie die Summe von *x* und *y*.

5 **Textaufgaben**

a) Die Summe zweier ganzer Zahlen beträgt 15, ihre Differenz beträgt 25. Wie heißen die beiden Zahlen?
b) Bei einem Rechteck ist die Länge um 6 cm größer als die Breite. Sein Umfang beträgt 60 cm. Wie lang sind die Seiten?
c) Drei Flaschen Birnensaft und fünf Flaschen Kirschsaft kosten zusammen 25,90 €. Fünf Flaschen Birnensaft und drei Flaschen Kirschsaft kosten zusammen 24,50 €. Wie viel kostet eine Flasche Kirschsaft?

Test 3

zu S. 35–40

1 **Schreibe ohne Wurzelzeichen.**

a) $\sqrt{36}$ b) $\sqrt{81}$ c) $\sqrt{169}$ d) $\sqrt{196}$ e) $\sqrt{900}$

f) $(\sqrt{5})^2$ g) $(\sqrt{7})^2$ h) $\sqrt{0}$ i) $\sqrt{1}$ j) $\sqrt{25^2}$

k) $\sqrt{\left(\frac{1}{3}\right)^2}$ l) $\sqrt{0{,}4^2}$

2 **Entscheide, ob die Wurzeln rationale Zahlen sind.**

a) $\sqrt{7}$ b) $\sqrt{81}$ c) $\sqrt{100}$ d) $\sqrt{13}$

3 **Berechne mit dem Taschenrechner einen Näherungswert. Runde auf drei Nachkommastellen.**

a) $\sqrt{10}$ b) $\sqrt{0{,}5}$ c) $\sqrt{198}$ d) $\sqrt{1000}$

4 Zahlengerade

a) Trage die folgenden Zahlen in die Zahlengerade ein.
Berechne dazu Näherungswerte mit dem Taschenrechner.
$\frac{2}{3}$; $-\sqrt{5}$; π; $\sqrt{3}$; $-1{,}5$

b) Ordne die Zahlen der Größe nach, beginne mit der kleinsten.
Benutze dabei die Wurzelschreibweise.

5 Löse die Gleichungen und notiere die Lösungsmenge.

a) $x^2 = 7$ b) $x^2 = 25$ c) $x^2 = 1$ d) $x^2 = -2$

6 Berechne den Termwert ohne Taschenrechner.

a) $\sqrt{3} \cdot \sqrt{5}$ b) $\sqrt{3} \cdot \sqrt{27}$ c) $\sqrt{2} \cdot \sqrt{2} \cdot \sqrt{2}$

d) $\frac{\sqrt{8}}{\sqrt{2}}$ e) $\frac{2 \cdot \sqrt{32}}{\sqrt{2}}$ f) $\frac{\sqrt{15}}{\sqrt{5}}$

7 Ziehe die Wurzel teilweise und fasse dann zusammen, falls möglich.

a) $\sqrt{500} + \sqrt{200}$ b) $\sqrt{50} - \sqrt{200}$ c) $\sqrt{48} - \sqrt{12}$

8 Erweitere so, dass rationale Nenner entstehen.

a) $\frac{3}{\sqrt{7}}$ b) $\frac{1}{2\sqrt{3}+1}$ c) $\frac{a}{\sqrt{a}-\sqrt{b}}$

Test 4

zu S. 41–44

1 Löse die gegebenen quadratischen Gleichungen.

a) $2x^2 - 3x = 2$ b) $10x^2 = -0{,}5x + 6$

c) $\frac{1}{2}x^2 + 3x + 4 = 0$ d) $3x^2 = 18x - 15$

e) $0{,}25x^2 + 2x + 4 = 0$ f) $0{,}1x^2 - 2x - 30 = 0$

2 Verwende den Taschenrechner und runde die Lösungen auf zwei Nachkommastellen.

TIPP: Wenn du zuerst die Wurzel der Diskriminante berechnest und ihren Wert speicherst, geht es schneller.

a) $x^2 + x - 1 = 0$ b) $x^2 + 2x + \frac{1}{4} = 0$

c) $x^2 + \sqrt{5}x + 1 = 0$ d) $x^2 + 2x - 4 = -x^2 + 4$

3 **Ermittle die Lösungen der quadratischen Gleichungen.**

a) $x^2 - 121 = 0$ b) $10a^2 + 5 = 815$ c) $-2m^2 + 6 = -66$
d) $k^2 = 2k$ e) $7b^2 + 3b = 0$ f) $13z = 8z^2$

4 **Gib die Lösungsmengen der Gleichungen an.**

a) $(x-2)(x+5) = 0$ b) $11x + x^2 = 0$ c) $2b^2 - 2b = 0$
d) $-y^2 + 19 = -30$ e) $7x^2 = 63$ f) $-x^2 + 5 = 0$
g) $x^2 - 4x = 5$ h) $y^2 - 90 = y$ i) $161 = 16a + a^2$
j) $x^2 - 8x + 10 = 0$ k) $x^2 - 6x + 4 = 0$ l) $x^2 = \sqrt{2} - 2$

5 **Runde die Lösungen auf 2 Nachkommastellen.**

a) $0{,}84x^2 - \frac{1}{3}x - 0{,}21 = 0$ b) $1{,}25x^2 + 0{,}84x - 2 = 0$
c) $2{,}4x^2 - 9{,}1x + 3{,}1 = 0$ d) $-x^2 + 8x + 10 = x^2 + 4x + 5$

Test 5

zu S. 45–51

1 **Bestimme jeweils die Funktionsgleichungen.**

a) Die Normalparabel soll um 10 Einheiten in Richtung der x-Achse und um 5 Einheiten in Richtung der y-Achse verschoben werden.
b) Die Parabel soll so steil sein wie $y = 4x^2$ und nach oben offen. Scheitelpunkt ist $S(1; -2)$.
c) Die Parabel soll so steil sein wie $y = \frac{1}{2}x^2$ und nach unten offen. Scheitelpunkt ist $S(5; 4)$.

2 **Forme die Funktionsgleichungen in die Scheitelpunktform um. Zeichne anschließend die Parabeln in ein Koordinatensystem.**

a) $y = x^2 - 6x + 10$ b) $y = x^2 + 4x$
c) $y = x^2 + 9x + 18$ d) $y = x^2 - 2x - 2$

3 **Berechne die Nullstellen.**

a) $y = x^2 + 6x + 8$ b) $y = x^2 + 4x$ c) $y = x^2 + x - 3$

4 **Zeichne die Graphen der Funktionen. Bestimme zunächst grafisch, danach rechnerisch die Nullstellen.**

a) $y = -(x-2)^2 + 3$ b) $y = 0{,}25x^2 + 0{,}5x - 1{,}5$

5 **Bestimme folgende Eigenschaften jeder Funktion:**

- Ist die Funktion nach oben offen oder nach unten?
- Verläuft sie steiler, genauso steil oder flacher als die Normalparabel?
- Berechne ihren Scheitelpunkt.

a) $y = -0{,}5 \cdot (x+3)^2 + 4$ b) $y = 2(x-3)^2 - 2$
c) $y = -(x-1)^2 - 1$ d) $y = x^2 - x + 5$
e) $y = x^2 + 4x - 1$ f) $y = x^2 - 10x - 6$

6 **Bestimme den Scheitelpunkt und zeichne die Parabeln.**

TIPP: Erstelle eine Wertetabelle, bevor du den Graphen zeichnest.

a) $y = -x^2 + 2x - 4$ b) $y = -x^2 - 6x - 10$ c) $y = -0{,}5x^2 + 4$

7 **Bringe die Funktionsgleichungen in die Scheitelpunktform. Gib dann die Koordinaten des Scheitelpunktes und den Wertebereich der Funktion an.**

a) $y = x^2 - 10x - 1$ b) $y = x^2 - x - 1$

8 **Berechne die Nullstellen der Funktionen, soweit vorhanden.**

a) $y = (x+4)^2 - 4$ b) $y = (x-3)^2 + 2$ c) $y = x^2 - 2x - 2$

Test 6

zu S. 52–58

1 **Berechne ohne Taschenrechner.**

a) 2^{-4} b) 25^{-2} c) $\left(\frac{2}{5}\right)^{-1}$ d) 187^0

2 **Schreibe in Wurzelschreibweise.**

a) $5^{\frac{1}{2}}$ b) $10^{\frac{2}{3}}$ c) $7^{0,5}$ d) $11^{-\frac{1}{2}}$

3 **Schreibe in Potenzschreibweise.**

a) $\sqrt{2}$ b) $\sqrt[3]{4}$ c) $\sqrt[5]{11^2}$ d) $\sqrt{\left(\frac{1}{3}\right)^{-3}}$

4 **Vereinfache ohne Taschenrechner.**

a) $70^5 \cdot 70^{-7}$ b) $4^2 \cdot 7^2$ c) $5^3 \cdot (-5)^3$
d) $21^7 : 21^{0,5}$ e) $8^3 \cdot 8^2 \cdot 8^{-6}$ f) $(4^4)^{0,5}$
g) $\frac{\sqrt[3]{54}}{\sqrt[3]{2}}$ h) $\sqrt[4]{\frac{1}{9}} \cdot \sqrt[4]{9^5}$ i) $\sqrt[7]{\sqrt[4]{3^{28}}}$

Test

5 Schreibe in Gleitkommadarstellung.

a) 4 314 b) 0,238 c) 0,004 05 d) 337,05
e) 0,000 056 f) 1 600 300 g) 65,43 h) 0,102 03

6 Ordne nach der Größe. Beginne jeweils mit der kleinsten Zahl.

a) $5{,}13 \cdot 10^{-5}$; $5{,}013 \cdot 10^{-4}$; $-5{,}13 \cdot 10^{-5}$; $-5{,}013 \cdot 10^{4}$.
b) 2^3; 3^2; $\sqrt[2]{3}$; $3^{\frac{1}{3}}$; 3^{-2}; 2^{-3}.

7 Forme die Terme in die Potenzschreibweise um und vereinfache so weit wie möglich.

a) $\sqrt[5]{32}$ b) $\sqrt[8]{1}$ c) $\sqrt[4]{\frac{1}{81}}$ d) $\sqrt[3]{\frac{27}{125}}$
e) $\sqrt[2n]{4^{2m}}$ f) $\frac{1}{\sqrt[3]{4}}$ g) $\sqrt[4]{(-2)^4}$ h) $\sqrt[3]{c^6}$

8 Berechne mit dem Taschenrechner. Runde auf 6 Nachkommastellen.

a) $\sqrt[4]{513} \cdot \sqrt[4]{718}$ b) $\sqrt[3]{\sqrt{121}}$ c) $5{,}7^{\frac{2}{3}} : 5{,}7^{\frac{1}{4}}$
d) $(\sqrt{3})^5$ e) $5^{\sqrt{3}}$ f) $\left(\frac{1}{3}\right)^{\frac{-3}{4}}$

Test 7

zu S. 59–60

1 Verwandte Exponentialfunktionen

a) Lege zur Funktion $y = 3^x$ eine Wertetabelle an für $x = -3;\ -2;\ -1;\ -0;\ 1;\ 2;\ 3$. Zeichne den Graphen in ein Koordinatensystem.
b) Zeichne den Graphen der Funktion $y = \left(\frac{1}{3}\right)^x$ in dasselbe Koordinatensystem. Du brauchst dafür keinen Wert zu berechnen!

2 Bestimme jeweils *a* so, dass der Graph der Funktion $y = a^x$ durch den gegebenen Punkt geht.

a) $P(1; 4)$ b) $P(2; 9)$ c) $Q(2; 3)$ d) $R(-1; 5)$

TIPP: Setze die Koordinaten des Punktes in die Funktionsgleichung ein.

3 Nimm an, die Einwohnerzahl einer Stadt wächst jährlich um 15%. Zum Zeitpunkt $x = 0$ betrage sie 10 000.

a) Bestimme den Wachstumsfaktor. (Welcher Faktor bewirkt eine Zunahme von 100 % auf 115 %?)
b) Bestimme die Exponentialfunktion $y = b \cdot a^x$.
y steht für die Einwohnerzahl zum Zeitpunkt *x* Jahre.

c) Stelle eine Wertetabelle für x-Werte von -3 bis 10 auf und zeichne den Graphen der Funktion.
TIPP: Nimm verschiedene Maßstäbe für x- und y-Achse.
d) Bestimme grafisch den Zeitpunkt, zu dem die Einwohnerzahl sich verdoppelt haben wird.

4 Das radioaktive Element Polonium-209 (kurz: ^{209}Po) zerfällt mit einer Halbwertszeit von 100 Jahren. Bestimme den Anteil (in %), der nach 50 Jahren, nach 100 Jahren, nach 1000 Jahren noch vorhanden ist.

Test 8

zu S. 62–66

1 Zentrische Streckung im Koordinatensystem.
a) Zeichne das Dreieck ABC mit $A(-2; -1)$, $B(-2; 1)$, $\overline{AC} = 3$ LE und $\overline{BC} = 3$ LE (LE = Längeneinheiten).
b) $\triangle ABC \xrightarrow{Z(-1;\,0);\; k = 1{,}5} \triangle A'B'C'$
Zeichne das Bilddreieck $A'B'C'$. Berechne dessen Seitenlängen.

2 Berechne y in Abhängigkeit von x.
TIPP: Suche einen Streckenabschnitt mit der Länge $(1 - x)$ und markiere diesen.

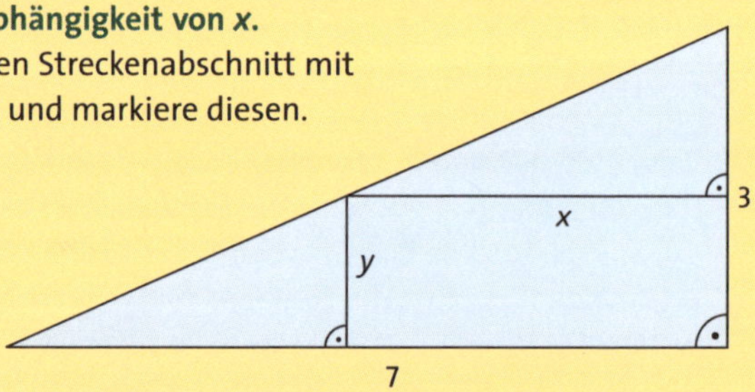

3 Stelle fest, in welchen Fällen die Dreiecke $\triangle ABC$ und $\triangle A'B'C'$ ähnlich sind. Begründe deine Entscheidung mit einem Ähnlichkeitssatz.

	$\triangle ABC$	$\triangle A'B'C'$
a)	$a = 3;\ b = 4;\ c = 5$	$a' = 6;\ b' = 7;\ c' = 8$
b)	$b = 4;\ c = 3;\ \beta = 80°$	$a' = 6;\ b' = 4{,}5;\ \alpha' = 80°$
c)	$\alpha = 60°;\ \beta = 40°;\ c = 3$	$\alpha' = 30°;\ \beta' = 20°;\ c' = 3$

4 **Zeichne ein rechtwinkliges Dreieck *ABC* mit dem rechten Winkel bei *C*. Zeichne die Höhe h_c ein. Zeige, dass die Höhe h_c das Dreieck in zwei ähnliche Teildreiecke zerlegt, die auch dem △*ABC* ähnlich sind.**

5 **Berechne die fehlenden Seitenlängen.**

a)

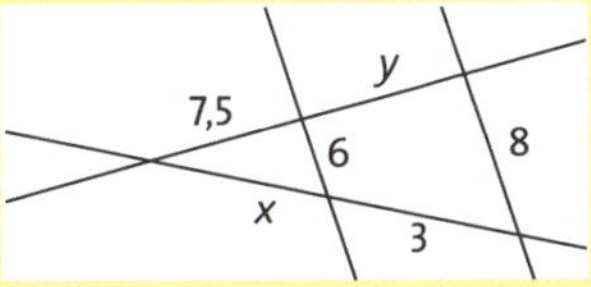

b)

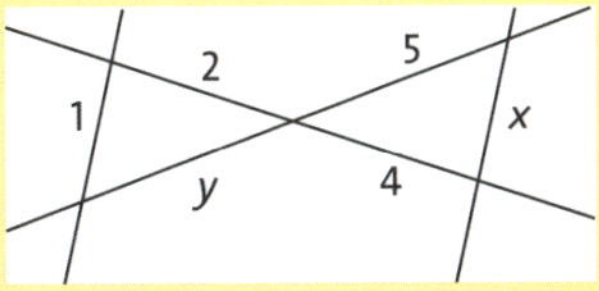

Test 9

zu S. 67–69

1 **Gib jeweils den Satz des PYTHAGORAS, den Kathetensatz, den Höhensatz und den Flächeninhalt für die folgenden Dreiecke an.**

a)

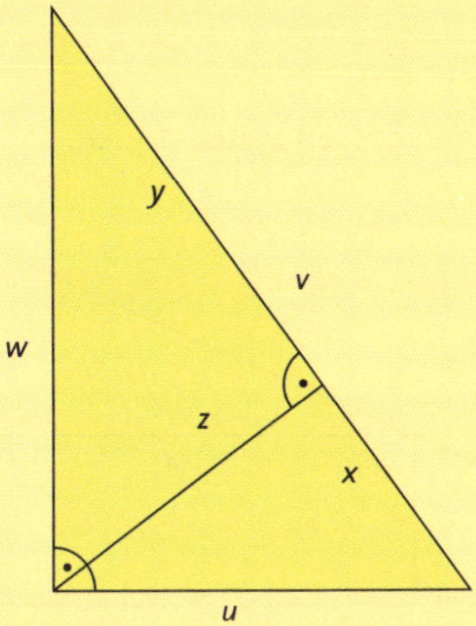

b)

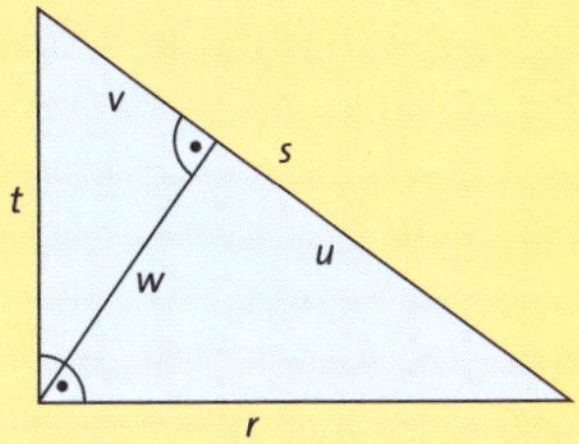

2 **Von einem rechtwinkligen Dreieck (rechter Winkel bei *C*) sind bekannt: $b = 3$; $A = 6$. Berechne *a*, *c*, *p*, *q*, *h*.**

3 **Berechne die Seitenlängen des Dreiecks *ABC* mit *A*(1; 1), *B*(5; –1), *C*(3; 4) auf eine Stelle nach dem Komma genau. Überprüfe deine Rechnung durch eine Zeichnung.**

4 **Berechne den Flächeninhalt der farbig markierten Flächen mit $a = 3$ cm. Runde auf eine Nachkommastelle.**

a)

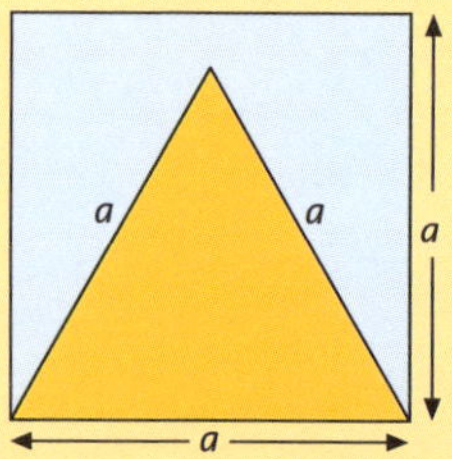

b)

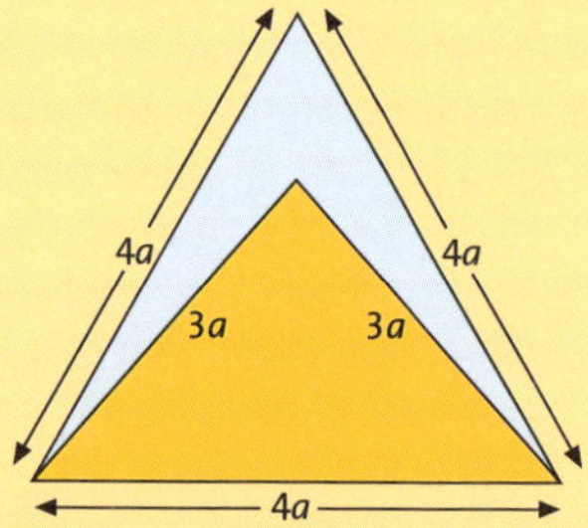

5 **Genau senkrecht über dir siehst du einen Drachen fliegen. Der Besitzer hat 87 m Bindfaden von der Rolle abgewickelt. Du stehst 48 m vom Drachenbesitzer entfernt. In welcher Höhe befindet sich der Drachen?**

Test 10

zu S. 70–71

1 **Berechne die fehlenden Größen eines Kreissektors.**

	r	α	b	$A =$	$A \approx$
a)	10 cm	30°			
b)	10 cm		5π cm		
c)	10 cm			20π cm²	62,8 cm²

2 **Berechne die Segmentfläche mit $r = 15{,}0$ m. Runde auf 3 geltende Ziffern.**

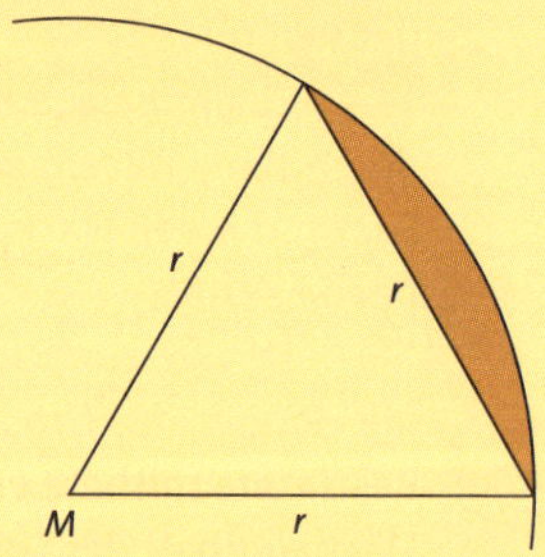

3 Berechne Umfang und Flächeninhalt der Kreise. Runde jeweils auf 3 geltende Ziffern.

a) Durchmesser = 400 cm
b) Radius = 200 cm
c) Radius = 73 mm
d) Durchmesser = 2 500 km
e) Radius = 6 370 km (Das entspricht dem Radius der Erde.)

4 Die Erde beschreibt in einem Jahr annähernd eine Kreisbahn um die Sonne mit dem Bahnradius von 150 Millionen Kilometer. Berechne die Bahnlänge. Runde auf Millionen Kilometer.

5 Berechne den Radius und den Flächeninhalt eines Kreissektors mit Mittelpunktswinkel 45° und Bogenlänge π cm. Gib das exakte Ergebnis und den auf 2 Nachkommastellen gerundeten Wert an.

6 Einem Quadrat mit Seitenlänge a = 4 cm ist ein Kreis einbeschrieben. Berechne die zwischen Kreis und Quadrat liegende Fläche. Runde auf 2 Nachkommastellen.

Test 11

zu S. 73–78

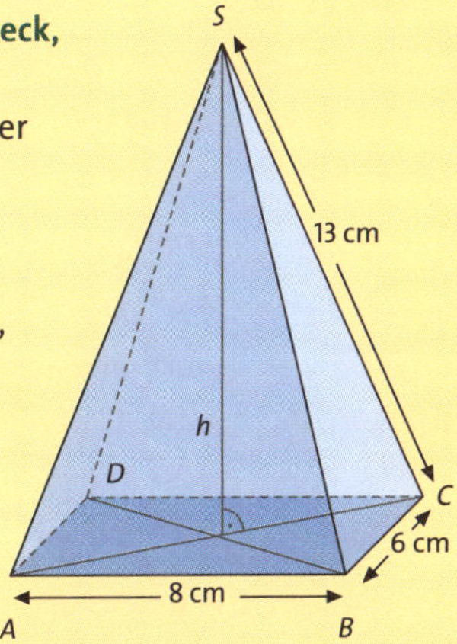

1 Die Grundfläche der Pyramide ist ein Rechteck, die vier Seitenkanten sind gleich lang.

a) Bestimme mithilfe einer Skizze die Länge der Diagonalen der Grundfläche.
b) Bestimme mithilfe einer Skizze die Höhe h der Pyramide.
TIPP: Zeichne dazu einen Senkrechtschnitt, der entlang der Diagonalen $\overline{AC}$ verläuft.
c) Bestimme den Flächeninhalt der Seitenfläche $\triangle ABS$.
TIPP: Fertige zunächst eine Skizze an, um die Höhe h_1 des Dreiecks zu bestimmen.
d) Bestimme mithilfe einer Skizze den Flächeninhalt der Seitenfläche $\triangle BCS$.
e) Berechne Volumen und Oberfläche der Pyramide.

2 Der Durchmesser einer Kerze beträgt 4 cm, ihre Höhe 12 cm. Mit der gleichen Menge Wachs soll eine Kerze vom Durchmesser 8 cm geformt werden.

a) Wie hoch wird diese Kerze?
b) Welche der Kerzen hat die größere Oberfläche?

3 Der Kreissektor (R = 6 cm) bildet den Kegelmantel.
Wie groß ist der Radius der Grundfläche des Kegels? Wie lang sind die Mantellinien des Kegels?
Wie groß ist die Höhe des Kegels?
Wie groß ist die Kegeloberfläche?
Wie groß ist sein Volumen?

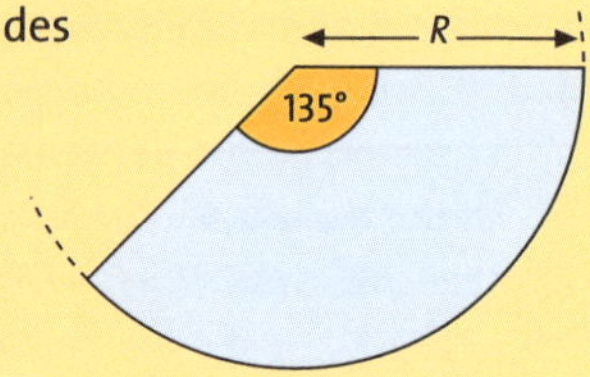

4 Berechne die fehlenden Größen einer Kugel.

	Radius r	Oberfläche O	Volumen V
a)	7 cm		
b)		2 827 m²	

Test 12

zu S. 73–78

1 Bei einem Kegel ist r = 6 cm und h = 18 cm. Wie verändert sich das Volumen, wenn

a) bei gleichem Radius r die Höhe h verdoppelt wird,
b) bei gleichem Radius r die Höhe h halbiert wird,
c) bei gleicher Höhe h der Radius r verdoppelt wird,
d) bei gleicher Höhe h der Radius r halbiert wird?

2 Die Abbildung zeigt einen Schnitt durch die Kegelachse.

a) Berechne das Volumen des Kegels.
b) Berechne seine Oberfläche.
c) Ziel ist, den Mantel dieses Kegels aus Papier zurechtzuschneiden. Mache zunächst eine Skizze des Kreissektors und trage den Radius des Kreissektors ein. Berechne nun die Bogenlänge des Kreissektors und schließlich den Sektorwinkel (Mittelpunktswinkel).

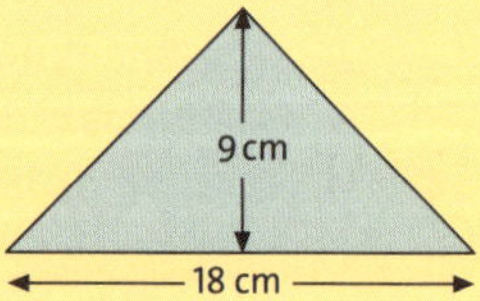

3 **Ein unterirdischer Abwasserkanal hat die Form einer liegenden Säule. Sein Durchmesser beträgt 2 m. Runde sinnvoll.**

a) Wie viel Kubikmeter Wasser fasst ein 1 km langer Abschnitt des Kanals?

b) Wie viele Quadratmeter Kacheln werden zum Auslegen des Abschnitts benötigt? (Überlege, was mit den Grundflächen ist.)

4 **Ein Tetraeder, ein Würfel und eine Kugel haben alle das gleiche Volumen $V = 6\,\text{cm}^3$. Ein Tetraeder ist eine Pyramide mit 4 gleichseitigen Dreiecken als Begrenzungsflächen, siehe S. 73.**

a) Wie groß ist die Kantenlänge des Tetraeders und des Würfels, wie groß ist der Radius der Kugel?

b) Wie groß sind ihre Oberflächen?

5 **Ein Tetraeder, ein Würfel und eine Kugel haben alle die gleiche Oberfläche $O = 6\,\text{cm}^2$.**

a) Wie groß ist die Kantenlänge des Tetraeders und des Würfels, wie groß ist der Radius der Kugel?

b) Wie groß sind ihre Volumina?

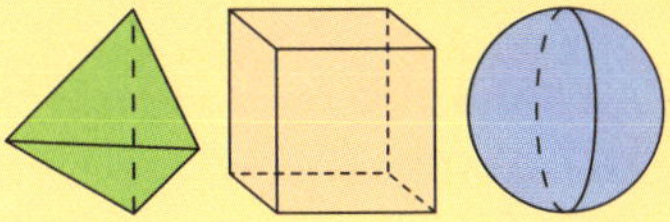

Test 13

zu S. 73–78

1 **Fertige jeweils eine Skizze des Dreiecks *ABC* an und berechne die fehlenden Seitenlängen und Winkel.**

a) $\gamma = 90°$; $\alpha = 63{,}7°$; $b = 6{,}12\,\text{cm}$ b) $\alpha = 90°$; $a = 4{,}2\,\text{cm}$; $\beta = 37°$

2 **Ergänze die Tabelle, wo es möglich ist, mit exakten Werten. Ansonsten rechne mit dem Taschenrechner und runde auf 2 Nachkommastellen. γ ist stets ein rechter Winkel.**

	α	β	$\sin\alpha$	$\sin\beta$	$\cos\alpha$	$\tan\alpha$
a)	70°					
b)			0,5			
c)					0,15	

Test

3 **Ein Forschungsunterseeboot peilt von der Wasseroberfläche die Spitze eines Leuchtturms an, die 45 m über dem Meeresspiegel liegt. Beim Anpeilen wird der Höhenwinkel α = 3° gemessen. Wie weit ist das Boot vom Fuß des Leuchtturms entfernt?**

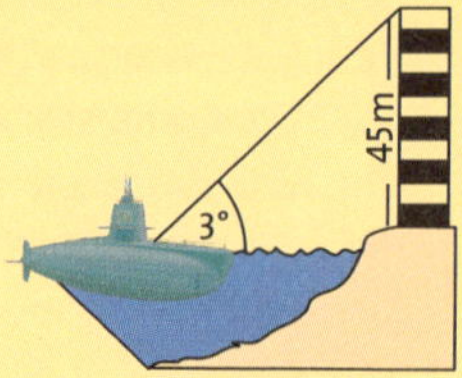

4 **Der Schiefe Turm von Pisa ist bei der Höhe $\overline{AB}$ = 47 m um 4,50 m gegen die Senkrechte geneigt. Welchen Neigungswinkel α hat er gegenüber der Senkrechten?**

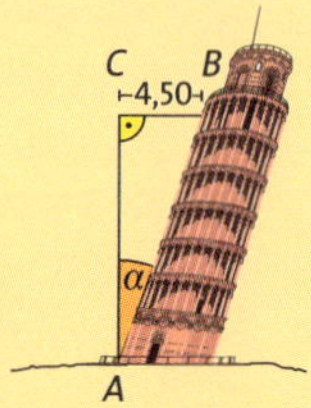

5 **Ein Bahndamm hat die Form eines gleichschenkligen Trapezes mit den Größen: a = 12 m, c = 8 m, s = 3,50 m. Berechne die Höhe h und den Böschungswinkel α.**
TIPP: Berechne zuerst das Teilstück x.

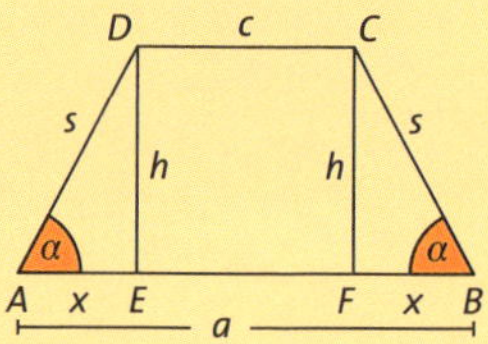

Test 14 *zu S. 79–89*

1 **Fertige jeweils eine Skizze des Dreiecks *ABC* an und berechne die fehlenden Seitenlängen und Winkel.**

a) a = 3 cm; b = 5 cm; β = 20° b) c = 9 cm; a = 7 cm; α = 60°

2 **Formuliere die drei Gleichungen des Kosinussatzes für das nebenstehende Dreieck.**

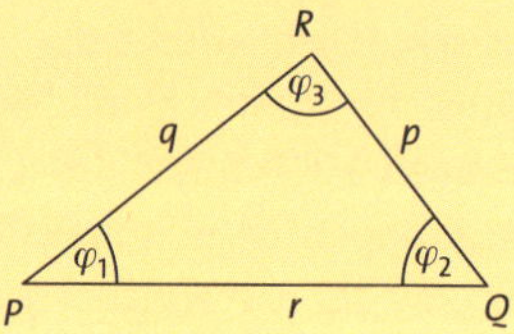

3 **Im Parallelogramm *ABCD* sind gegeben: $\overline{AB}$ = 7,4 cm; $\overline{AD}$ = 4,9 cm; α = 23°.**

a) Berechne die Höhe h.
b) Berechne den Flächeninhalt.
c) Berechne die Länge der Diagonalen $\overline{BD}$.

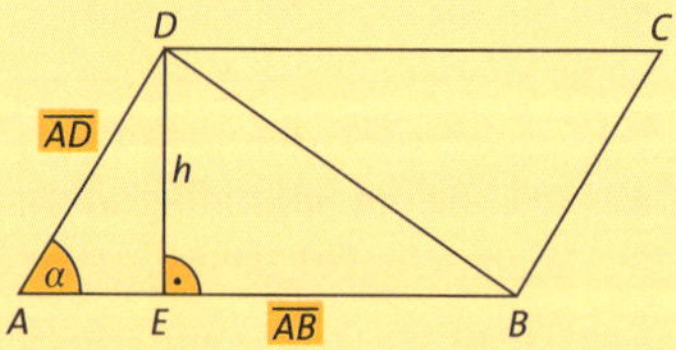

Test

4 Die Cheopspyramide in Ägypten

Die Cheopspyramide hat eine quadratische Grundfläche mit der Seitenlänge $a = 230$ m und eine Höhe h von 137 m.
Berechne den Winkel α zwischen der Diagonalen $\overline{AC}$ und der Seitenkante $\overline{AS}$.
Hinweis: Rechne im rechtwinkligen Dreieck AFS.

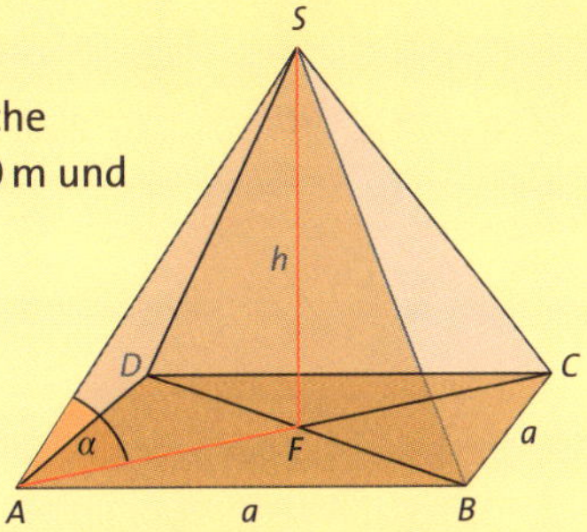

5 Fertige jeweils eine Skizze an und berechne die unbekannten Größen. Im Dreieck *ABC* sind gegeben:

a) $a = 5{,}4$ cm; $\alpha = 61{,}8°$; $\beta = 47{,}2°$
b) $b = 5$ cm; $c = 4$ cm; $\gamma = 43°$
c) $a = 5$ cm; $b = 4$ cm; $c = 6$ cm
d) $a = 5{,}2$ cm; $b = 4$ cm; $\gamma = 100°$

Test 15

zu S. 92–93

1 Beim Werfen einer Münze heißen die möglichen Ergebnisse „Wappen" *(W)* und „Zahl" *(Z)*. Eine Münze wird zweimal geworfen.

a) Zeichne ein Baumdiagramm und trage bei den Verzweigungen die Wahrscheinlichkeiten ein.
b) Wie groß ist die Wahrscheinlichkeit des Ergebnisses *ZZ*?

2 Bei einem Glücksspiel wird zuerst eine Münze und dann ein Würfel geworfen.

a) Zeichne ein Baumdiagramm und trage bei den Verzweigungen die Wahrscheinlichkeiten ein.
b) Mit welcher Wahrscheinlichkeit tritt das Ergebnis *Z*2 („Zahl" und „Augenzahl 2") ein?
c) Wer „Wappen" oder mindestens Augenzahl 5 geworfen hat, kommt eine Runde weiter. Mit welcher Wahrscheinlichkeit tritt dieses Ereignis ein?

3 Eine Schüssel enthält eine rote Kugel und vier schwarze Kugeln. Fritz zieht blind 2 Kugeln, wobei aber dieses Mal die erste Kugel nicht in die Schüssel zurückgelegt wird.

a) Zeichne ein Baumdiagramm und trage die Wahrscheinlichkeiten ein. Beachte dabei, dass es beim zweiten Ziehen weniger Kugeln sind!
b) Wie groß ist die Wahrscheinlichkeit des Ereignisses „mindestens eine schwarze Kugel wird gezogen"?

Lösungen

S. 96 **Beispiel 1**

$$\begin{array}{l|rcl|} \text{I} & x & = & y + 5 \\ \text{II} & x + y & = & 35 \end{array}$$

I in II einsetzen: $y + 5 + y = 35$

$2y = 30$

$y = 15$

in I einsetzen: $x = 15 + 5 = 20$

Hans ist 20, Peter ist 15 Jahre alt.

Beispiel 2

Zuerst Gleichung II ausmultiplizieren und vereinfachen. Dann erhält man:

$$\begin{array}{l|rcl|} \text{I} & 2x + 2y & = & 30 \\ \text{II} & -2x + 2y & = & 10 \end{array}$$

Addition: $4y = 40$

$y = 10$

in II einsetzen: $2x + 20 = 30$

$x = 5$

Die Seiten des ursprünglichen Rechtecks waren 5 cm und 10 cm lang.

Test 1

1.

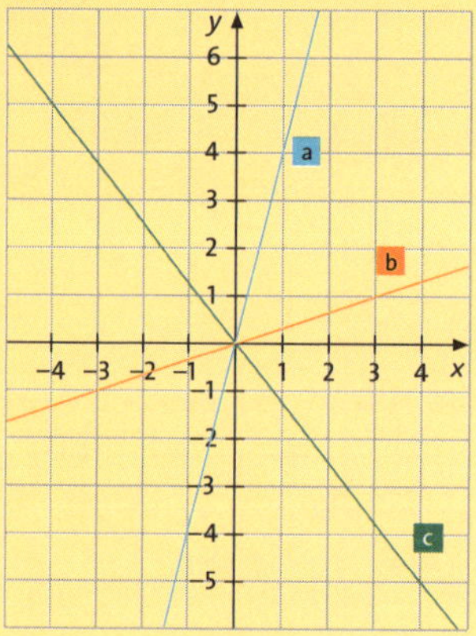

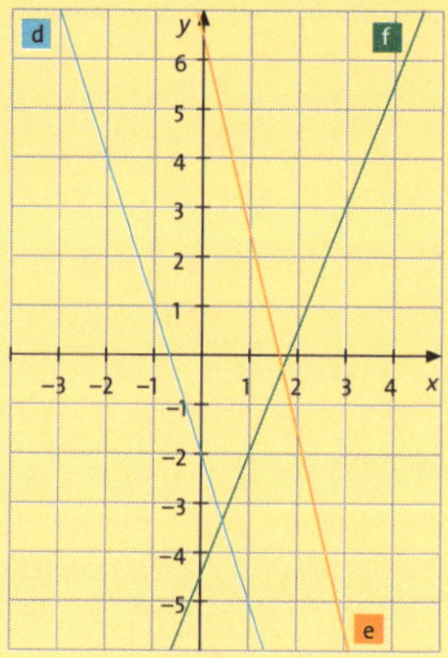

2. a) Steigung $m = \frac{4-0}{1-0} = 4$; $y = 4x$

b) Steigung $m = \frac{-2-0}{-3-0} = \frac{2}{3}$; $y = \frac{2}{3}x$

c) Steigung $m = \frac{-6-0}{2-0} = -3$; $y = -3x$

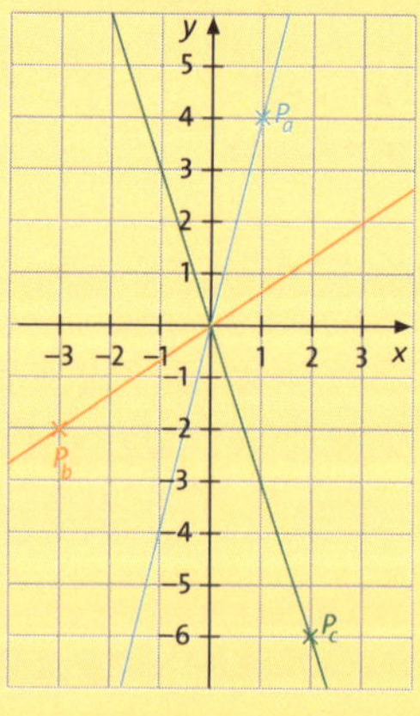

3. **a)** $x_O = -\frac{3}{2} = -1{,}5$; $S(0; 3)$ **b)** $x_O = 2$; $S(0; 1)$

c) keine Nullstelle; $S(0; 3)$

4. **a)** $m = \frac{3-2}{4-0} = \frac{1}{4}$

$y = \frac{1}{4}x + n$; $P_1(0; 2)$ einsetzen:

$2 = n$; also $f: y = \frac{1}{4}x + 2$

b) $m = \frac{-4-2}{-1-(-3)} = -3$

$y = -3x + n$; $Q_1(-3; 2)$ einsetzen:

$2 = -3 \cdot (-3) + n \Rightarrow -7 = n$;

also f: $y = -3x - 7$

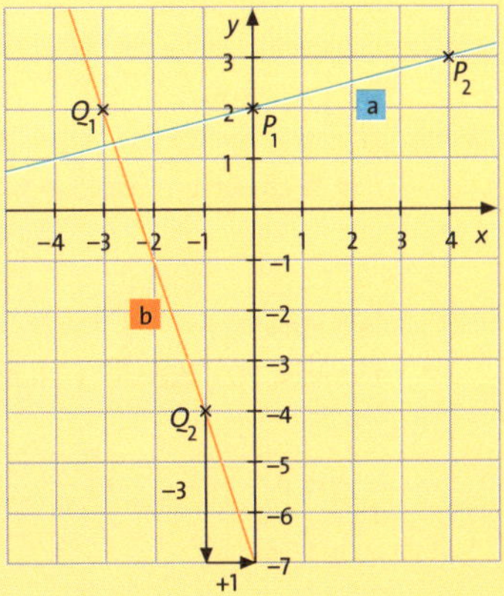

S. 96 **Test 2**

1. **a)** $\{(3; 2)\}$ **b)** $\{(3; -2)\}$ **c)** $\{(1{,}5; 2{,}5)\}$

2. **a)** $\left\{\left(\frac{11}{6}; -\frac{1}{4}\right)\right\}$ **b)** $L = \left\{(x; y) \mid y = -\frac{1}{2}x - 0{,}5\right\}$ **c)** $\{(6; 12)\}$

3. **a)** (I) $y = -\frac{1}{2}x + 2$;

(II) $y = 3x + 2$; $S(0; 2)$

Probe: (I) $0 + 2 \cdot 2 = 4$ (w);

(II) $0 - 2 = -2$ (w)

$L = \{(0; 2)\}$

b) (I) $y = \frac{1}{2}x$; (II) $y = -2$;

$S(-4; -2)$. **Probe:**

(I) $\frac{1}{2} \cdot (-4) - (-2) = 0$ (w);

(II) $-2 + 2 = 0$ (w)

$L = \{(-4; -2)\}$

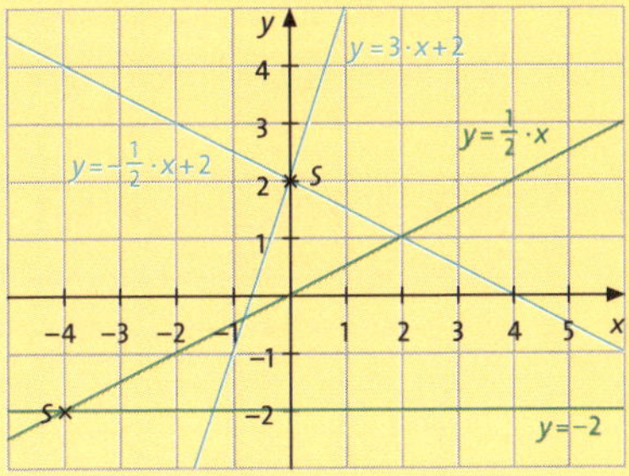

4. **a)** $x = y + 5$ **b)** $x = 2 \cdot y$ **c)** $x = \frac{1}{2} \cdot y$

d) $a + b = 25$ **e)** $y = x \cdot 5 + 10$ **f)** $x \cdot y = x + y$

5. a) Kleinere Zahl: x
Größere Zahl: y

$$\begin{array}{l|l|} \text{I} & x + y = 15 \\ \text{II} & y - x = 25 \end{array}$$

$\rightarrow x = -5; y = 20$

Die Zahlen heißen -5 und 20.

b) Breite: x
Länge: y

$$\begin{array}{l|l|} \text{I} & x + 6 = y \\ \text{II} & 2x + 2y = 60 \end{array}$$

$\rightarrow x = 12; y = 18$

Die Seiten sind 12 cm und 18 cm lang.

c) Flasche Birnensaft: x €
Flasche Kirschsaft: y €

$$\begin{array}{l|l|} \text{I} & 3x + 5y = 25{,}90 \\ \text{II} & 5x + 3y = 24{,}50 \end{array}$$

$\rightarrow x = 2{,}80; y = 3{,}50$

Eine Flasche Birnensaft kostet 2,80 €, eine Flasche Kirschsaft kostet 3,50 €.

S. 97 Test 3

1. a) 6 b) 9 c) 13 d) 14 e) 30 f) 5
g) 7 h) 0 i) 1 j) 25 k) $\frac{1}{3}$ l) 0,4

2. a) nein b) ja c) ja d) nein

3. a) $\sqrt{10} \approx 3{,}162$ b) $\sqrt{0{,}5} \approx 0{,}707$ c) $\sqrt{198} = 14{,}071$ d) $\sqrt{1000} \approx 31{,}623$

4. a)

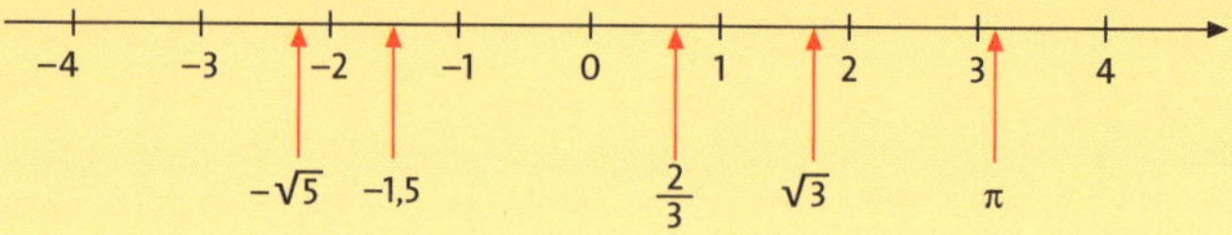

b) $-\sqrt{5} < -1{,}5 < \frac{2}{3} < \sqrt{3} < \pi$

5. a) $L = \{-\sqrt{7}; \sqrt{7}\}$ b) $L = \{-5; 5\}$ c) $L = \{-1; 1\}$ d) $L = \{\ \}$

6. a) $\sqrt{15}$ b) 9 c) $2\sqrt{2}$ d) 2 e) 8 f) $\sqrt{3}$

7. a) $10\sqrt{5} + 10\sqrt{2}$ b) $-5\sqrt{2}$ c) $2\sqrt{3}$

8. a) $\frac{3}{\sqrt{7}} = \frac{3 \cdot \sqrt{7}}{\sqrt{7} \cdot \sqrt{7}} = \frac{3}{7}\sqrt{7}$

b) $\frac{1(2\sqrt{3} - 1)}{(2\sqrt{3} + 1)(2\sqrt{3} - 1)} = \frac{2\sqrt{3} - 1}{12 - 1} = \frac{2\sqrt{3} - 1}{11}$

c) $\frac{a(\sqrt{a} + \sqrt{b})}{(\sqrt{a} - \sqrt{b})(\sqrt{a} + \sqrt{b})} = \frac{a(\sqrt{a} + \sqrt{b})}{a - b}$

S. 98 Test 4

1. a) $x_1 = 2; x_2 = -0{,}5$ b) $x_1 = 0{,}75; x_2 = -0{,}8$ c) $x_1 = -2; x_2 = -4$
d) $x_1 = 5; x_2 = 1$ e) $x_1 = x_2 = -4$ f) $x_1 = 30; x_2 = -10$

2. a) $x_1 \approx 0{,}62; x_2 \approx -1{,}62$ b) $x_1 \approx -0{,}13; x_2 \approx -1{,}87$
c) $x_1 \approx -0{,}62; x_2 \approx -1{,}62$ d) $x_1 \approx -2{,}56; x_2 \approx 1{,}56$

3. **a)** $x^2 - 121 = 0 \quad | +121$
$x^2 = 121$
$x_{1/2} = \pm\sqrt{121} \quad L = \{-11; 11\}$

b) $10a^2 + 5 = 815 \quad | -5$
$10a^2 = 810 \quad | : 10$
$a^2 = 81$
$a_{1/2} = \pm\sqrt{81} \quad L = \{-9; 9\}$

c) $-2m^2 + 6 = -66 \quad | -6$
$-2m^2 = -72 \quad | : (-2)$
$m^2 = 36$
$m_{1/2} = \pm\sqrt{36} \quad L = \{-6; 6\}$

d) $L = \{0; 2\}$ **e)** $L = \left\{0; -\frac{3}{7}\right\}$ **f)** $L = \left\{0; \frac{13}{8}\right\}$

4. **a)** $\{-5; 2\}$ **b)** $\{-11; 0\}$ **c)** $\{0; 1\}$ **d)** $\{-7; 7\}$

e) $\{-3; 3\}$ **f)** $\{-\sqrt{5}; \sqrt{5}\}$ **g)** $\{-1; 5\}$ **h)** $\{-9; 10\}$

i) $\{-23; 7\}$ **j)** $\{4-\sqrt{6}; 4+\sqrt{6}\}$ **k)** $\{3-\sqrt{5}; 3+\sqrt{5}\}$ **l)** $\{\ \}$

5. **a)** $x_1 = 0{,}74;\ x_2 = -0{,}34$ **b)** $x_1 = 0{,}97;\ x_2 = -1{,}64$
c) $x_1 = 3{,}41;\ x_2 = 0{,}38$ **d)** $x_1 = 2{,}87;\ x_2 = -0{,}87$

S. 99 Test 5

1. **a)** $y = (x-10)^2 + 5$ **b)** $y = 4 \cdot (x-1)^2 - 2$ **c)** $y = -\frac{1}{2} \cdot (x-5)^2 + 4$

2. **a)** $y = (x-3)^2 + 1$
$S\,(3; 1)$
b) $y = (x+2)^2 - 4$
$S\,(-2; -4)$
c) $y = (x+4{,}5)^2 - 2{,}25$
$S\,(-4{,}5; -2{,}25)$
d) $y = (x-1)^2 - 3$
$S\,(1; -3)$

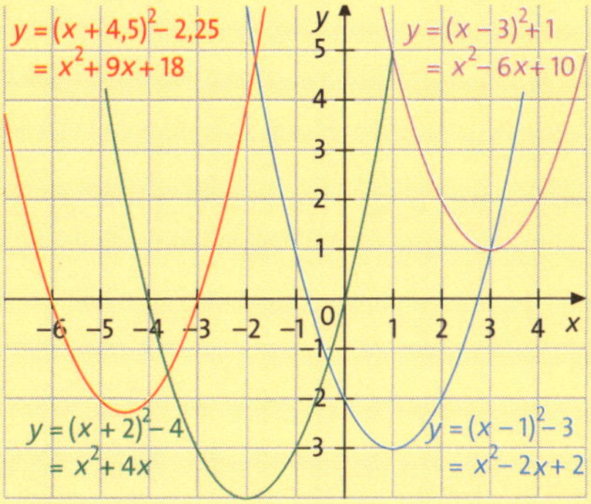

3. **a)** $x_1 = -2;\ x_2 = -4$

b) $x_1 = 0;\ x_2 = -4$

c) $x_{1/2} = -\frac{1}{2} \pm \frac{1}{2}\sqrt{13}$

4. **a)** $S\,(2;\,3)$

$x_1 = 2 + \sqrt{3} \approx 3{,}7$

$x_2 = 2 - \sqrt{3} \approx 0{,}3$

b) $S\,(-1;\,-1{,}75)$

$x_1 = -1 + \sqrt{7} \approx 1{,}6$

$x_2 = -1 - \sqrt{7} \approx -3{,}6$

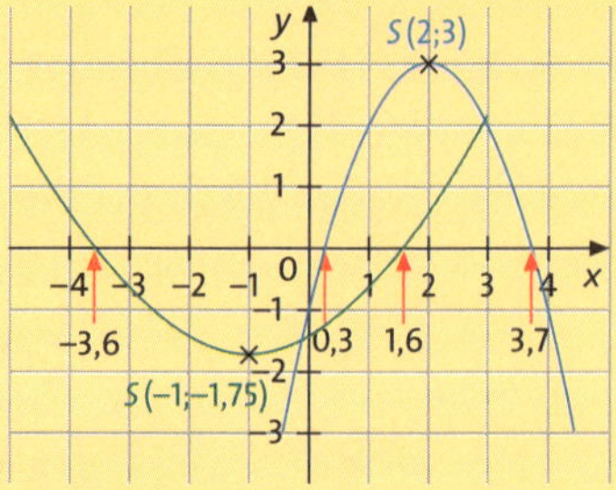

5. **a)** nach unten geöffnet; flacher; $S\,(-3;\,4)$

b) nach oben geöffnet; steiler; $S\,(3;\,-2)$

c) nach unten geöffnet; genauso steil; $S\,(1;\,-1)$

d) nach oben geöffnet; genauso steil; $S\,(0{,}5;\,4{,}75)$

e) nach oben geöffnet; genauso steil; $S\,(-2;\,-5)$

f) nach oben geöffnet; genauso steil; $S\,(5;\,-31)$

6. **a)** $S\,(1;\,-3)$

b) $S\,(-3;\,-1)$

c) $S\,(0;\,4)$

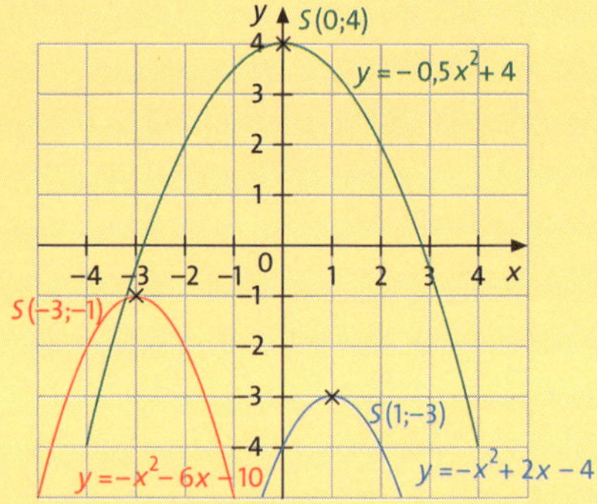

7. **a)** Scheitelpunktform: $y = (x-5)^2 - 26$; $S\,(5;-26)$;

Wertebereich $\mathbb{W} = \{y \mid y \geq -26\}$

b) Scheitelpunktform: $y = (x-0{,}5)^2 - 1{,}25$; $S\,(0{,}5;-1{,}25)$;

Wertebereich $\mathbb{W} = \{y \mid y \geq -1{,}25\}$

8. **a)** $x_1 = -2;\ x_2 = -6$ **b)** keine Nullstelle **c)** $x_{1/2} = 1 \pm \sqrt{3}$

S. 100 Test 6

1. **a)** $\frac{1}{16}$ **b)** $\frac{1}{625}$ **c)** $\frac{5}{2} = 2{,}5$ **d)** 1

2. **a)** $\sqrt{5}$ **b)** $\sqrt[3]{10^2}$ **c)** $\sqrt{7}$ **d)** $\frac{1}{\sqrt{11}}$

3. **a)** $2^{\frac{1}{2}}$ **b)** $4^{\frac{1}{3}}$ **c)** $11^{\frac{2}{5}}$ **d)** $3^{\frac{3}{2}}$

4. **a)** 70^{-2} **b)** 28^2 **c)** $-(5^6)$ **d)** $21^{6{,}5}$ **e)** $8^{-1} = \frac{1}{8}$

f) 4^2 **g)** $\sqrt[3]{27} = 3$ **h)** $\sqrt[4]{9^4} = 9$ **i)** $\sqrt[28]{3^{28}} = 3$

5. a) $4,314 \cdot 10^3$ b) $2,38 \cdot 10^{-1}$ c) $4,05 \cdot 10^{-3}$ d) $3,3705 \cdot 10^2$
e) $5,6 \cdot 10^{-5}$ f) $1,6003 \cdot 10^6$ g) $6,543 \cdot 10^1$ h) $1,0203 \cdot 10^{-1}$

6. a) $-5,013 \cdot 10^4 < -5,13 \cdot 10^{-5} < 5,13 \cdot 10^{-5} < 5,013 \cdot 10^{-4}$
b) $3^{-2} < 2^{-3} < 3^{\frac{1}{3}} < \sqrt[2]{3} < 2^3 < 3^2$

7. a) $32^{\frac{1}{5}} = 2$ b) $1^{\frac{1}{8}} = 1$ c) $\left(\frac{1}{81}\right)^{\frac{1}{4}} = \frac{1}{3}$ d) $\left(\frac{27}{125}\right)^{\frac{1}{3}} = \frac{3}{5}$
e) $4^{\frac{2m}{2n}} = 4^{\frac{m}{n}}$ f) $\frac{1}{4^{\frac{1}{3}}} = 4^{-\frac{1}{3}}$ g) $\sqrt[4]{(-2)^4} = \sqrt[4]{2^4} = 2^{\frac{4}{4}} = 2$
h) $c^{\frac{6}{3}} = c^2$

8. a) $\sqrt[4]{513 \cdot 718} = 24,635447$ b) $\sqrt[6]{121} = 2,223980$ c) 2,065132
d) $3^{\frac{5}{2}} = 15,588457$ e) 16,242451 f) $3^{\frac{3}{4}} = 2,279507$

S. 101 Test 7

1. a)

x	−3	−2	−1	0	1	2	3
$y = 3^x$	$\frac{1}{27}$	$\frac{1}{9}$	$\frac{1}{3}$	1	3	9	27

a)
b)

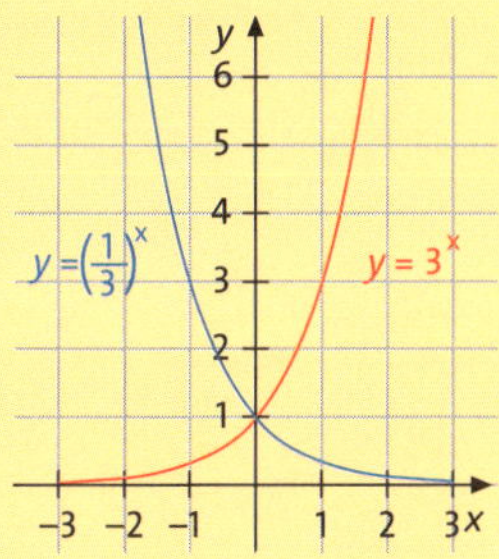

2. a) $a^1 = 4 \rightarrow a = 4$ b) $a^2 = 9 \rightarrow a = 3$
c) $a^2 = 3 \rightarrow a = \sqrt{3}$ d) $a^{-1} = 5 \rightarrow a = \frac{1}{5}$

3. a) $a = 1,15$ b) $y = 10000 \cdot 1,15^x$

c)

x	y	x	y
−3	6575	4	17490
−2	7561	5	20114
−1	8698	6	23131
0	10000	7	26600
1	11500	8	30590
2	13225	9	35179
3	15209	10	40456

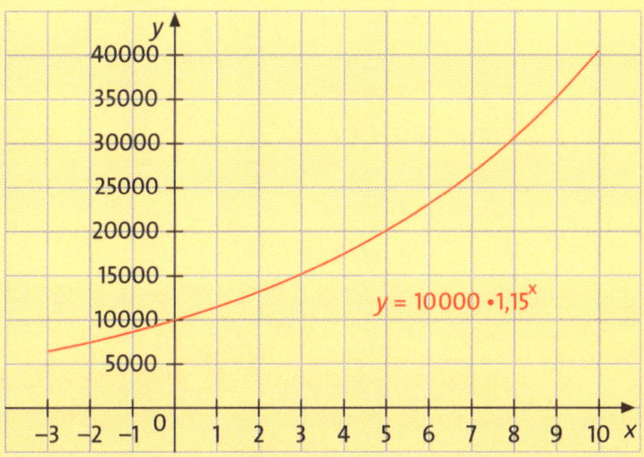

d) $f(5) \approx 20000$. Die Einwohnerzahl wird sich in etwa 5 Jahren verdoppelt haben.

4. $\frac{y}{b} = \left(\frac{1}{2}\right)^x$ mit $x = \frac{t}{100 \text{ Jahre}}$

$t = 50$ Jahre $\rightarrow x = \frac{1}{2} \rightarrow \frac{y}{b} \approx 0{,}71 = 71\,\%$

$t = 100$ Jahre $\rightarrow x = 1 \rightarrow \frac{y}{b} = 0{,}50 = 50\,\%$

$t = 1000$ Jahre $\rightarrow x = 10 \rightarrow \frac{y}{b} \approx 9{,}78 \cdot 10^{-4} = 9{,}78 \cdot 10^{-2}\,\% \approx 0{,}1\,\%$

S. 102 Test 8

1. a) Zuerst A und B einzeichnen. Um Punkt A und B je einen Kreis mit Radius 3 cm zeichnen. Der Schnittpunkt ist C.

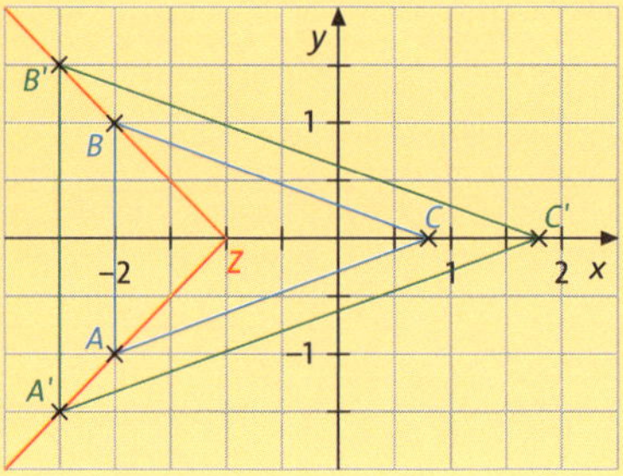

b) $\overline{A'B'} = 1{,}5\,\overline{AB} = 3\,LE$
$\overline{A'C'} = 1{,}5\,\overline{AC} = 4{,}5\,LE$
$\overline{B'C'} = 1{,}5\,\overline{BC} = 4{,}5\,LE$

2. $\frac{y}{3} = \frac{7-x}{7} \rightarrow y = 3 - \frac{3}{7}x$

3. Die Dreiecke sind …
a) … nicht ähnlich, weil sie nicht im Verhältnis der drei Seiten übereinstimmen.
b) … ähnlich, weil sie im Verhältnis zweier Seiten und dem Gegenwinkel der größeren Seite übereinstimmen.
c) … nicht ähnlich, weil ihre Winkel nicht übereinstimmen.

4. Man kann drei rechtwinklige Dreiecke entdecken:
- ABC mit rechtem Winkel bei C und $\alpha + \beta = 90°$
- ACF mit rechtem Winkel bei F und $\alpha + \beta' = 90°$
- BCF mit rechtem Winkel bei F und $\alpha' + \beta = 90°$

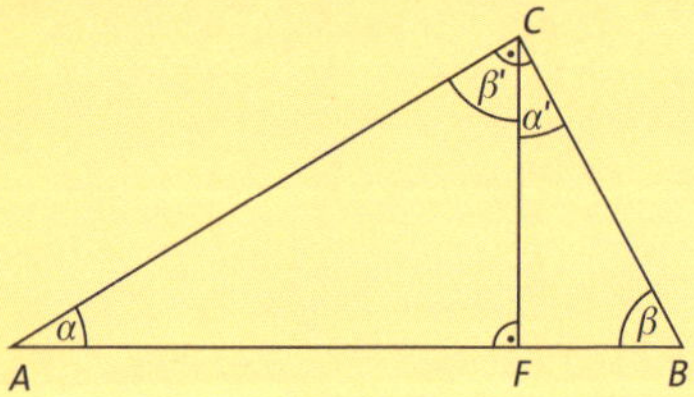

Den drei Gleichungen kann man entnehmen, dass $\alpha' = \alpha$ und $\beta' = \beta$. Damit stimmen die drei Dreiecke in allen Winkeln überein und sind somit ähnlich.

5. a) $\frac{8}{6} = \frac{x+3}{x} \rightarrow x = 9$; $\frac{9}{3} = \frac{7{,}5}{y} \rightarrow y = 2{,}5$ b) $\frac{2}{4} = \frac{y}{5} \rightarrow y = 2{,}5$; $\frac{x}{1} = \frac{4}{2} \rightarrow x = 2$

S. 103 Test 9

1.

	Pythagoras	Kathetensatz	Höhensatz	Flächeninhalt
a)	$u^2 + w^2 = v^2$	$w^2 = y \cdot v$ $u^2 = x \cdot v$	$z^2 = x \cdot y$	$A = \frac{1}{2}\, v \cdot z$ $A = \frac{1}{2}\, u \cdot w$
b)	$r^2 + t^2 = s^2$	$r^2 = u \cdot s$ $t^2 = v \cdot s$	$w^2 = u \cdot v$	$A = \frac{1}{2}\, s \cdot w$ $A = \frac{1}{2}\, r \cdot t$

2. $a = 4,\ c = 5;\ p = 3{,}2\ \ q = 1{,}8;\ h = 2{,}4$

3. $\overline{AB} = \sqrt{(5-1)^2 + (-1-1)^2} = \sqrt{20}$
$= 2\sqrt{5} \approx 4{,}5$

$\overline{AC} = \sqrt{(3-1)^2 + (4-1)^2} = \sqrt{13} \approx 3{,}6$

$\overline{BC} = \sqrt{(3-5)^2 + (4+1)^2} = \sqrt{29} \approx 5{,}4$

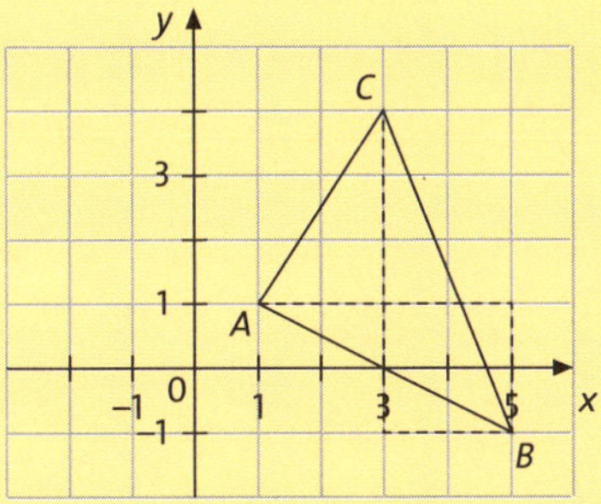

(Abbildung im Maßstab 1 : 2)

4. a) gesuchte Fläche = Fläche Quadrat – Fläche Dreieck
$\approx 9\ \text{cm}^2 - 3{,}9\ \text{cm}^2 = 5{,}1\ \text{cm}^2$

b) gesuchte Fläche = Fläche großes Dreieck – Fläche kleines Dreieck
$\approx 62{,}4\ \text{cm}^2 - 40{,}2\ \text{cm}^2 = 22{,}2\ \text{cm}^2$

5. $h^2 = (87\ \text{m})^2 - (48\ \text{m})^2$
$h = 72{,}6\ \text{m}$ Der Drachen befindet sich in 72,6 m Höhe.

S. 104 Test 10

1.

	r	α	b	A	$A \approx$
a)	10 cm	30°	$1\frac{2}{3}\,\pi$ cm	$8\frac{1}{3}\,\pi\ \text{cm}^2$	26,2 cm²
b)	10 cm	90°	5π cm	$25\,\pi\ \text{cm}^2$	78,5 cm²
c)	10 cm	72°	4π cm	$20\,\pi\ \text{cm}^2$	62,8 cm²

2. $A_{SG} = A_S - A_\triangle = \frac{60°}{360°}\,\pi\, r^2 - \frac{r^2}{4}\sqrt{3} \approx 20{,}4\ \text{m}^2$

3. a) $u = 12{,}6\,\text{m};\ A = 12{,}6\,\text{m}^2$ b) $u = 12{,}6\,\text{m};\ A = 12{,}6\,\text{m}^2$
   c) $u = 45{,}9\,\text{cm};\ A = 167\,\text{cm}^2$ d) $u = 7\,854\,\text{km};\ A = 4{,}91 \cdot 10^6\,\text{km}^2$
   e) $u = 4{,}0 \cdot 10^4\,\text{km};\ A = 1{,}27 \cdot 10^8\,\text{km}^2$

4. $u = 2 \cdot \pi \cdot 150 \cdot 10^6\,\text{km} \approx 9{,}42 \cdot 10^8\,\text{km}$

5. $r = 4\,\text{cm};\ A = 2\pi\,\text{cm}^2 \approx 6{,}28\,\text{cm}^2$

6. $r = \frac{a}{2};\ A = a^2 - r^2\pi = a^2 - \frac{a^2}{4}\pi = a^2\left(1 - \frac{\pi}{4}\right) = (4\ \text{cm})^2 \cdot \left(1 - \frac{\pi}{4}\right) \approx 3{,}43\,\text{cm}^2$

S. 105 Test 11

1. a) Skizze der Grundfläche:

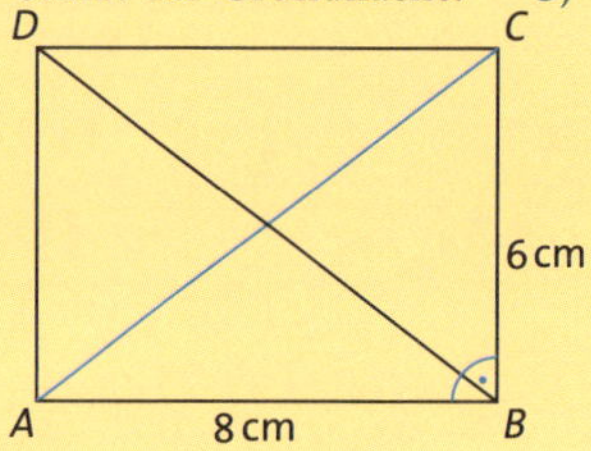

Pythagoras: $\overline{AC}^2 = \overline{AB}^2 + \overline{BC}^2$.
Einsetzen und umstellen ergibt:
$\overline{AC} = 10\,\text{cm}$.

b)

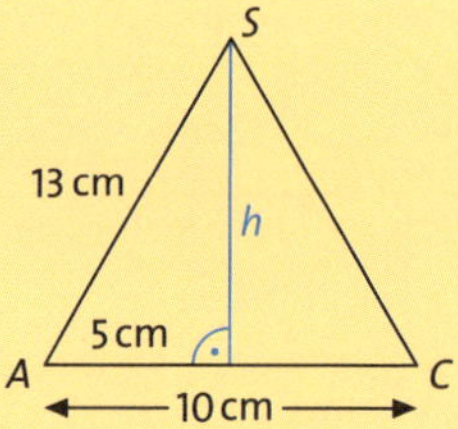

Pythagoras: $\overline{AS}^2 = h^2 + \left(\frac{1}{2}\overline{AC}\right)^2$

$= h^2 + \frac{1}{4}\overline{AC}^2$.

Einsetzen und umstellen ergibt:
$h = 12\,\text{cm}$.

c)

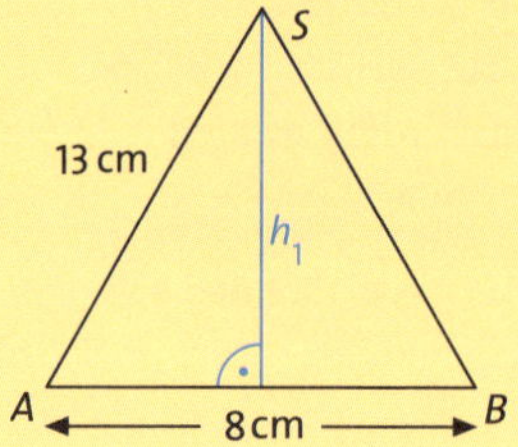

Pythagoras: $\overline{AS}^2 = h_1^2 + \left(\frac{1}{2}\overline{AB}\right)^2$

$= h_1^2 + \frac{1}{4}\overline{AB}^2$.

Einsetzen und umstellen ergibt:
$h_1 = 12{,}37\,\text{cm}$
Damit ist $A_{\triangle ABS} = \frac{1}{2}\overline{AB} \cdot h_1$
$= 49{,}48\,\text{cm}^2$

d)

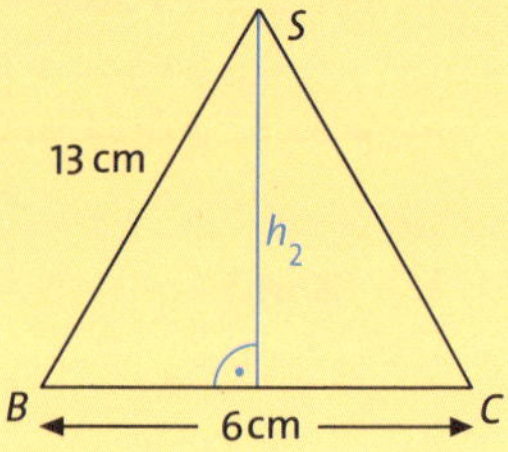

Pythagoras: $\overline{BS}^2 = h_2^2 + \left(\frac{1}{2}\overline{BC}\right)^2$.

$= h_2^2 + \frac{1}{4}\overline{BC}^2$

Einsetzen und umstellen ergibt:
$h_2 = 12{,}65\,\text{cm}$
Damit ist $A_{\triangle BCS} = \frac{1}{2}\overline{BC} \cdot h_2$
$= 37{,}95\,\text{cm}^2$

e) $V = \frac{1}{3} G \cdot h = \frac{1}{3} \cdot 48\,\text{cm}^2 \cdot 12\,\text{cm} = 192\,\text{cm}^3$
$O = G + 2 \cdot A_{\triangle ABS} + 2 \cdot A_{\triangle BCS} = 48\,\text{cm}^2 + 2 \cdot 87{,}43\,\text{cm}^2 = 222{,}86\,\text{cm}^2$

2. a) Volumen der 1. Kerze = $V_1 = \pi \cdot (2\,\text{cm})^2 \cdot 12\,\text{cm}$
= Volumen der 2. Kerze = $V_2 = \pi \cdot (4\,\text{cm})^2 \cdot h_2$
Daraus ergibt sich die Gleichung:
$\pi \cdot (2\,\text{cm})^2 \cdot 12\,\text{cm} = \pi \cdot (4\,\text{cm})^2 \cdot h_2 \rightarrow h_2 = 3\,\text{cm}$. Die Kerze wird 3 cm hoch.
b) Oberfläche der 1. Kerze $O_1 \approx 175{,}9\,\text{cm}^2$,
Oberfläche der 2. Kerze $O_2 \approx 175{,}9\,\text{cm}^2$.
Beide Kerzen haben die gleiche Oberfläche.

3. $r \approx 2{,}25\,\text{cm}$; $m = 6\,\text{cm}$; $h \approx 5{,}6\,\text{cm}$; $O \approx 58{,}3\,\text{cm}^2$; $V \approx 29{,}7\,\text{cm}^3$

4.

	Radius r	Oberfläche O	Volumen V
a)	7 cm	616 cm²	1 437 cm³
b)	15 m	2 827 m²	14 134 m³

S. 106 Test 12

1. Das Volumen …
a) wächst auf das Doppelte.
b) sinkt auf die Hälfte.
c) wächst auf das Vierfache.
d) sinkt auf ein Viertel.

2. a) $V \approx 763\,\text{cm}^3$ b) $O \approx 614\,\text{cm}^2$ c) $m \approx 12{,}7\,\text{cm}$; $b = 18\pi\,\text{cm}$; $\alpha \approx 255°$

3. a) $V = \pi r^2 h = \pi \cdot 1\,\text{m}^2 \cdot 1000\,\text{m} = 1000\,\pi\text{m}^3$
b) $O = 2\pi r h = 2 \cdot \pi \cdot 1\,\text{m} \cdot 1000\,\text{m} = 2000\,\pi\text{m}^2$
Die Grundflächen der „liegenden Säule“ werden nicht gekachelt. Denn der Abschnitt des Kanals soll ja nicht verschlossen werden.

4. a) $a_r = 3{,}7\,\text{m}$ $a_w = 1{,}8\,\text{m}$ $r_k = 1{,}1\,\text{m}$
b) $O_r = 23{,}7\,\text{m}^2$ $O_w = 19{,}44\,\text{m}^2$ $O_k = 15{,}2\,\text{m}^2$

5. a) $a_r = 1{,}86\,\text{m}$ $a_w = 1\,\text{m}$ $r_k = 0{,}69\,\text{m}$
b) $V_r = 0{,}76\,\text{m}^3$ $V_w = 1\,\text{m}^3$ $V_k = 1{,}38\,\text{m}^3$

S. 107 Test 13

1. a) Die gegebenen Werte sind orange markiert.
Gesucht: β, c und a.
Situation: γ ist rechter Winkel,
c ist Hypotenuse,
b ist Ankathete zu α.

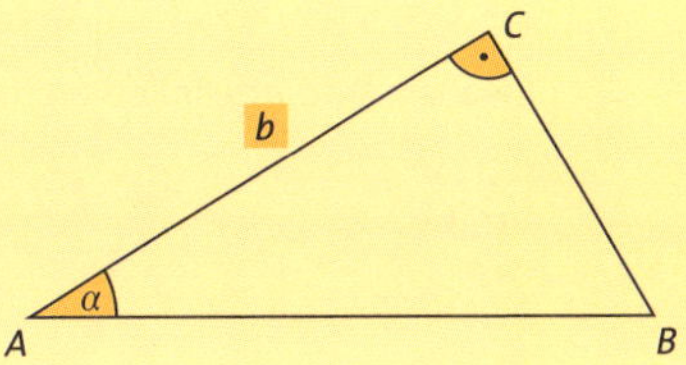

▸ Berechnung des Winkels β:

$$\alpha + \beta + \gamma = 180°$$
$$63{,}7° + \beta + 90° = 180°$$
$$\beta = 26{,}3°$$

▸ Berechnung der Hypotenuse c:

$$\cos\alpha = \frac{AK\alpha}{Hyp} = \frac{b}{c}$$
$$\cos 63{,}7° = \frac{6{,}12}{c} \qquad | \cdot c : \cos 63{,}7°$$
$$c = \frac{6{,}12}{\cos 63{,}7°} \approx 13{,}81$$

Die Seite c ist 13,81 cm lang.

▸ Berechnung der Kathete a (Gegenkathete von α) mithilfe von $\tan\alpha$:

$$\tan\alpha = \frac{GK\alpha}{AK\alpha} = \frac{a}{b}$$
$$\tan 63{,}7° = \frac{a}{6{,}12} \qquad | \cdot 6{,}12$$
$$a = 6{,}12 \cdot \tan 63{,}7° \approx 12{,}38$$

Die Seite a ist 12,38 cm lang.

b) Gesucht: γ, c und b.
Situation:
α ist rechter Winkel,
a ist Hypotenuse.

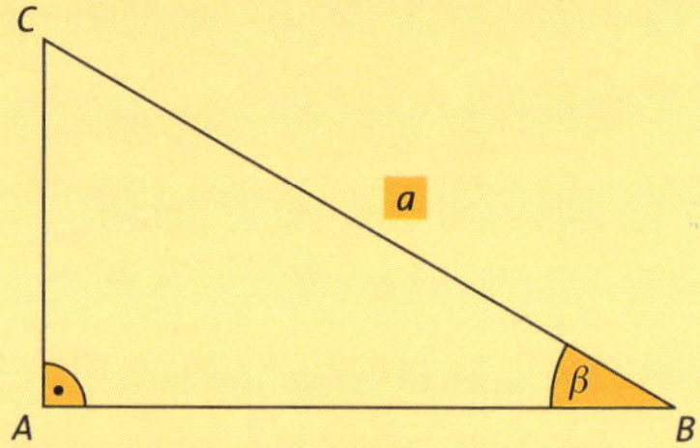

▸ Berechnung des Winkels γ:

$$\alpha + \beta + \gamma = 180°$$
$$90° + 37° + \gamma = 180°$$
$$\gamma = 53°$$

▸ Berechnung der Kathete c (Ankathete von β):

$$\cos\beta = \frac{AK\beta}{Hyp} = \frac{c}{a}$$
$$\cos 37° = \frac{c}{4{,}2} \qquad | \cdot 4{,}2$$
$$c = 4{,}2 \cdot \cos 37° \approx 3{,}35$$

Die Seite c ist 3,35 cm lang.

▸ Berechnung der Kathete b (Gegenkathete von β):

$$\sin\beta = \frac{GK\beta}{Hyp} = \frac{b}{a}$$
$$\sin 37° = \frac{b}{4{,}2} \qquad | \cdot 4{,}2$$
$$b = 4{,}2 \cdot \sin 37° \approx 2{,}53$$

Die Seite b ist 2,53 cm lang.

2.

	α	β	$\sin\alpha$	$\sin\beta$	$\cos\alpha$	$\tan\alpha$
a)	70°	20°	0,94	0,34	0,34	2,75
b)	30°	60°	0,50	$\frac{1}{2}\sqrt{3}$	$\frac{1}{2}\sqrt{3}$	$\frac{1}{3}\sqrt{3}$
c)	81,37°	8,63°	0,99	0,15	0,15	6,59

3. **Gegeben:** $\beta = 90°$, $\alpha = 3°$, $a = 45\,\text{m}$. (In der Grafik orange markiert.)
Gesucht: Entfernung c.
Situation: a ist Gegenkathete von α, c ist Ankathete von α.

$$\tan\alpha = \frac{\text{GK}\,\alpha}{\text{AK}\,\alpha} = \frac{a}{c}$$

$$\tan 3° = \frac{45}{c} \qquad | \cdot c,\ : \tan 3°$$

$$c = \frac{45}{\tan 3°} \approx 858{,}65$$

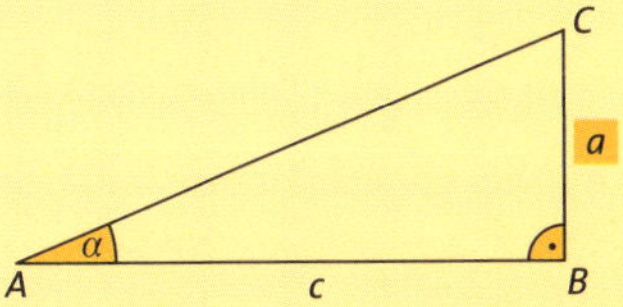

Antwort: Das Boot ist 858,65 m vom Leuchtturm entfernt.

4. **Gegeben:** $\gamma = 90°$, $c = 47$ m, $a = 4{,}50$ m
Gesucht: Neigungswinkel α.
Berechnung von α mithilfe von $\sin^{-1}$:

$$\sin\alpha = \frac{a}{c} = \frac{4{,}5\,\text{m}}{47\,\text{m}} \approx 0{,}096$$

$\alpha \approx 5{,}49°$
Der Schiefe Turm von Pisa ist gegenüber der Senkrechten um 5,49° geneigt.

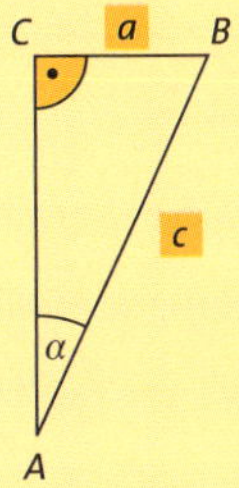

5. $2x + c = a$

$2x = a - c = 12 - 8 = 4$

$x = 2$

Die Strecke x ist 2 m lang.
Situation: Im rechtwinkligen Dreieck AED ist $\sphericalangle AED$ der rechte Winkel, s ist Hyp, x ist Ak α, h ist Gk α.

▶ Berechnung von α mithilfe von $\cos^{-1}$: $\cos\alpha = \frac{\text{AK}\,\alpha}{\text{Hyp}} = \frac{x}{s} = \frac{2}{3{,}5} = 0{,}571\,428\,6$

$\alpha = 55{,}15°$

Der Böschungswinkel α ist 55,15° groß.

▶ Berechnung von h (Gk α) mithilfe von $\sin\alpha$:

$$\sin\alpha = \frac{\text{GK}\,\alpha}{\text{Hyp}} = \frac{h}{s}$$

$$\sin 55{,}15° = \frac{h}{3{,}5} \qquad | \cdot 3{,}5$$

$h = 3{,}5 \cdot \sin 55{,}15° \approx 2{,}87$

Der Bahndamm ist 2,87 m hoch.

S. 108 Test 14

1. a) **Situation:** ssw; Lösungsansatz: Zuerst α mit Sinussatz berechnen, dann c mit Sinussatz berechnen. $\alpha \approx 11{,}84°$; $\gamma \approx 148{,}16°$; $c \approx 7{,}71$ cm.

   b) **Situation:** ssw; Lösungsansatz: Zuerst γ mit Sinussatz berechnen.
   Zwischenergebnis: $\sin \gamma \approx 1{,}11$.
   Es gibt kein γ, das diese Gleichung lösen könnte, denn der Sinus ist immer ≤ 1.
   Die Aufgabe ist also unlösbar. Woran liegt das?
   Da der gegebene Winkel der kleineren der beiden gegebenen Seiten gegenüberliegt, ist das Dreieck nicht eindeutig bestimmt. Dann kann es zwei oder – wie in diesem Fall – auch gar keine Lösung geben.

2. $p^2 = q^2 + r^2 - 2q \cdot r \cdot \cos \varphi_1$
   $q^2 = p^2 + r^2 - 2p \cdot r \cdot \cos \varphi_2$
   $r^2 = p^2 + q^2 - 2p \cdot q \cdot \cos \varphi_3$

3. Die gegebenen Werte sind orange markiert.
   Situation im rechtwinkligen Dreieck AED: rechter Winkel bei E, $\overline{AD}$ ist Hyp; h ist Gk α.

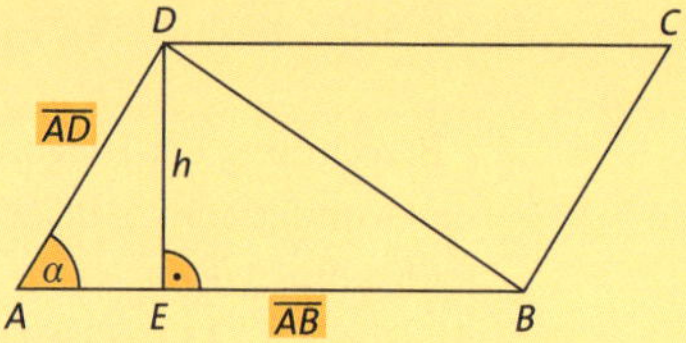

   a) Berechnung von h (Gk α) mithilfe von $\sin \alpha$:

   $\sin \alpha = \frac{\text{GK}\,\alpha}{\text{Hyp}} = \frac{h}{\overline{AD}}$

   $\sin 23° = \frac{h}{4{,}9} \quad | \cdot 4{,}9$

   $h = 4{,}9 \cdot \sin 23° \approx 1{,}91$

   Die Höhe h ist 1,91 cm lang.

   b) Berechnung des Flächeninhalts:

   $A_{\text{Parallelogramm}} = g \cdot h = \overline{AB} \cdot h$

   $A_{\text{Parallelogramm}} = 7{,}4 \cdot 1{,}91 = 14{,}134$

   Der Flächeninhalt des Parallelogramms beträgt 14,13 cm².

   c) Um $\overline{BD}$ im rechtwinkligen Dreieck EBD berechnen zu können, benötigt man außer h und dem rechten Winkel noch eine weitere Größe: $\overline{EB} = \overline{AB} - \overline{AE}$.

   ▸ Berechnung von $\overline{AE}$ (Ak α) im rechtwinkligen Dreieck AED:

   $\cos \alpha = \frac{\text{AK}\,\alpha}{\text{Hyp}} = \frac{\overline{AE}}{\overline{AD}}$

   $\cos 23° = \frac{\overline{AE}}{4{,}9} \quad | \cdot 4{,}9$

   $\overline{AE} = 4{,}9 \cdot \cos 23° \approx 4{,}51$

   Die Strecke $\overline{AE}$ ist 4,51 cm lang.

▸ $\overline{EB} = \overline{AB} - \overline{AE}$ $= 7{,}4 - 4{,}51 = 2{,}89$

Die Strecke $\overline{EB}$ ist 2,89 cm lang.

▸ Berechnung der Hypotenuse $\overline{BD}$ im rechtwinkligen Dreieck *EBD*:

$\overline{DE}^2 + \overline{EB}^2 = \overline{BD}^2$

$\overline{BD}^2 = 1{,}91^2 + 2{,}89^2 = 12{,}0$

$\overline{BD} \approx 3{,}46$

Die Diagonale $\overline{BD}$ ist 3,46 cm lang.

4. Die gegebenen Werte sind orange markiert.

Um α im rechtwinkligen Dreieck *AFS* berechnen zu können, benötigt man außer h und dem rechten Winkel noch eine weitere Größe.

$\overline{AF} = \frac{1}{2} \cdot \overline{AC} = \frac{1}{2} \cdot \mathrm{d}$

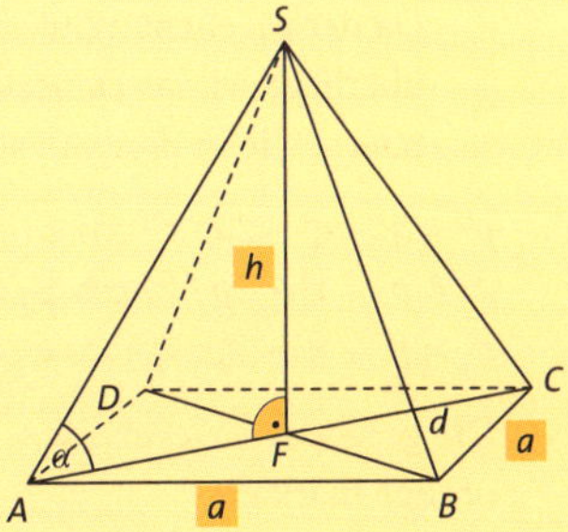

▸ Berechnung der Diagonalen d im Grundquadrat *ABCD*:

Pythagoras: $a^2 + a^2 = d^2$

$d^2 = 2a^2 = 2 \cdot 230^2 = 105800$

$d = 325{,}27$

Die Diagonale d ist 325,27 m lang.

Situation im Teildreieck *AFS*:
rechter Winkel bei *F*; h ist Gk α, $\overline{AF}$ ist Ak α.

▸ Berechnung von α mithilfe von $\tan^{-1}$:

$$\tan \alpha = \frac{\text{GK}\,\alpha}{\text{AK}\,\alpha} = \frac{h}{\overline{AF}} = \frac{h}{\frac{d}{2}}$$

$$\tan \alpha = \frac{137}{162{,}635} = 0{,}8423771$$

$\alpha = 40{,}11°$

Die Seitenkante $\overline{AS}$ schließt mit der Grundfläche den Winkel $\alpha = 40{,}11°$ ein.

5. a) **Situation:** wsw; Lösungsansatz: zuerst γ mit Innenwinkelsatz, dann b und c und mit Sinussatz berechnen.

$\gamma = 71°$; $b \approx 4{,}5\,\text{cm}$; $c \approx 5{,}79\,\text{cm}$

b) **Situation:** ssw; Lösungsansatz: zuerst β mit Sinussatz berechnen.
Es gibt 2 mögliche Lösungen:
1. Lösung: $\beta_1 \approx 58{,}48°$; $\alpha_1 \approx 78{,}52°$; $a_1 \approx 5{,}75\,\text{cm}$
2. Lösung: $\beta_2 \approx 121{,}52°$; $\alpha_2 \approx 15{,}48°$; $a_2 \approx 1{,}57\,\text{cm}$

c) **Situation:** sss; Lösungsansatz: zuerst α mit Kosinussatz berechnen.
$\alpha \approx 55{,}77°$; $\beta \approx 41{,}41°$; $\gamma \approx 82{,}82°$

d) **Situation:** sws; Lösungsansatz: zuerst c mit Kosinussatz berechnen.
$c \approx 7{,}09\,\text{cm}$; $\alpha \approx 46{,}24°$; $\beta \approx 33{,}76°$

S. 109 Test 15

1. a)

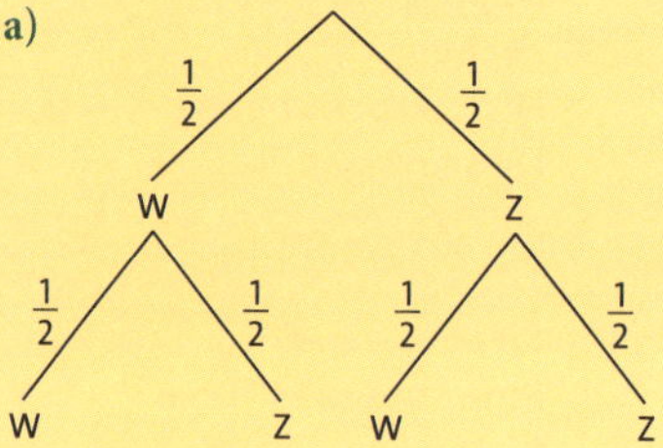

b) $P(ZZ) = \frac{1}{2} \cdot \frac{1}{2} = \frac{1}{4}$

2. a)

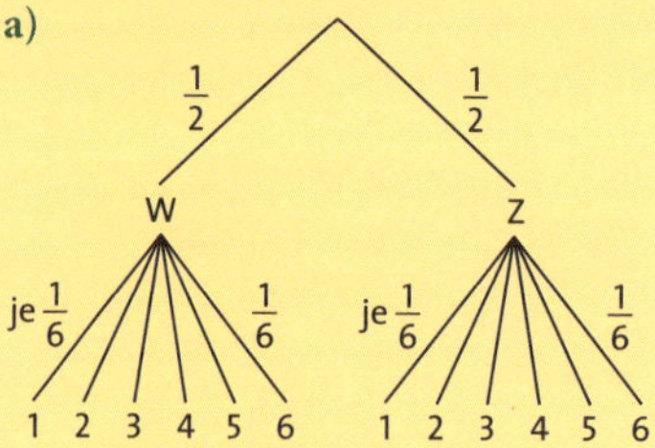

b) $P(Z2) = \frac{1}{2} \cdot \frac{1}{6} = \frac{1}{12}$

c) P(„Runde weiter“)
$= P(W1) + P(W2) + P(W3)$
$+ P(W4) + P(W5) + P(W6)$
$+ P(Z5) + P(Z6)$
$= 8 \cdot \frac{1}{12} = \frac{2}{3}$

3. a)

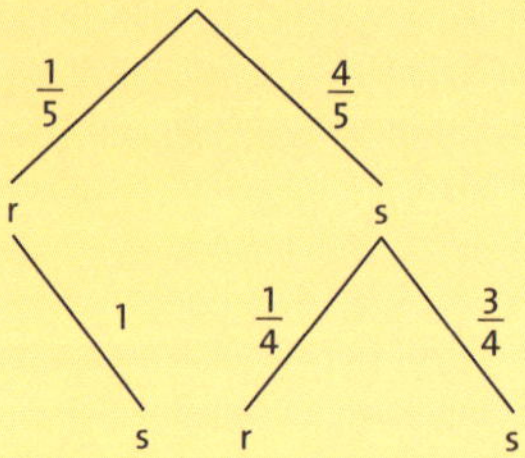

b) $P(ss) = \frac{4}{5} \cdot \frac{3}{4} = \frac{3}{5}$

c) P(„mindestens eine schwarze“)
$= P(rs) + P(sr) + P(ss)$
$= \frac{1}{5} \cdot 1 + \frac{4}{5} \cdot \frac{1}{4} + \frac{4}{5} \cdot \frac{3}{4} = 1$

Stichwortverzeichnis

H

I

K

L

M

N